# BMW F 650

# ab Baujahr 1993

- ⚠ – Wenn besondere Vorsicht angezeigt ist
- TIP – Wenn ein Fingerzeig gegeben wird
- 👁 – Wenn Inaugenscheinnahme erforderlich ist
- 📏 – Wenn genaues Messen erforderlich ist

## Ein Wort zuvor

Mit der F 650 gibt uns BMW tatsächlich sowas wie die eierlegende Wollmilchsau – sie taugt zum zügigen Touren, Trailen, für die City und zur Landstrassenhatz. Für Ausgefuchste und Frischlinge. Hört sich nach Werbefunk an, aber die seit 1994 angebotene Funduro bietet wirklich nur untergeordnete Kritikpunkte: schlechter Kettenschutz

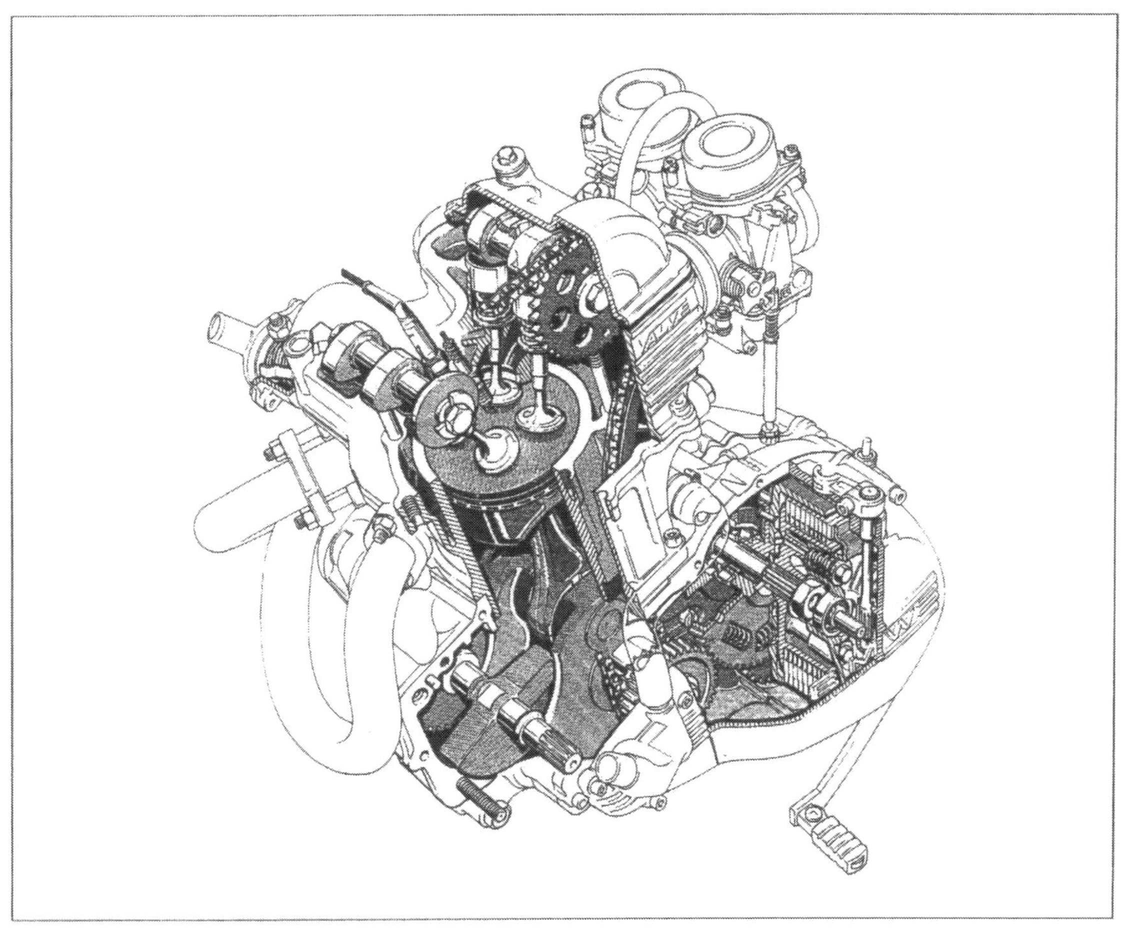

(das machen alle so) und der zu weit abstehende Handbremshebel (wieso, ich hab doch grosse Hände).

Die Zusammenarbeit von BMW mit Motorenhersteller Rotax aus Österreich und dem rührigen Motorradkonfektionär Aprilia aus Italien kann sogar als erster Schritt in die richtige Richtung bewertet werden, wenn es darum geht, hohes Qualitätsniveau zu marktfähigem Preis anzubieten. Und im Verhältnis zu den geforderten 11 410 Mark steht die technische Qualität ausser Zweifel.

In eigener Sache: Dieser Band kann keine dreijährige Motorradmechaniker-Ausbildung ersetzen, setzt aber geübten Umgang mit Werkzeug und Materie voraus.

Einzelne Arbeitsgänge, zu deren Durchführung Sonderwerkzeuge oder umfangreicher Maschinenpark (Ventilsitzfräser, spezielle Dorne und Hülsen, Pressen) benötigt werden, die Hobbymechaniker-Verhältnisse übersteigen, werden zur Durchführung der Fach- oder BMW-Werkstatt empfohlen.

Um sich und andere nicht zu gefährden, sind Arbeiten an der Bremsanlage erfahrenem Fachpersonal vorbehalten.

# 1 Werkzeug

Das mit der Maschine gelieferte Bordwerkzeug können wir zwar für reine Wartungsarbeiten gebrauchen, wenn es aber um Motorüberholungen geht, vergessen. Auch wenn es zum Besten gehört, was dem Motorradfahrer ab Werk mitgegeben wird. Also muss passendes Qualitätswerkzeug selbst besorgt werden, mit dem der Freizeit-Mechaniker seine Maschine mit Spass bei der Arbeit in Schuss halten kann. Hier eine Aufstellung von Werkzeugen, über die der engagierte Hobby-Mechaniker verfügen sollte:

1 Gabelschlüssel (kompletter Satz ab 6/7 bis 30/32)
2 Ringschlüssel (abgekröpft, kompletter Satz ab 6/7)
3 Steckschlüssel (kompletter Satz ab 8/9 bis 20/22)
4 Innensechskantschlüssel (kompletter Satz 3–10 mm abgewinkelt)
5 Schraubendreher für Schlitzschrauben (ein kompletter Satz)
6 Schraubendreher für Kreuzschlitzschrauben (ein kompletter Satz)
7 Schlosserhämmer (200 g, 500 g, 1000 g)
8 Meissel (ein Satz = Meissel, Durchtreiber, Körner)
9 Stroboskoplampe und Fühlerlehre (Ventilspielkontrolle)
10 Feilen und Ölstein (je ein Satz)
11 Flachschaber (verschiedene Klingenbreiten, im Durchschnitt 23 mm)
12 Einen Dreikant-Schaber
13 Zangen (Kombi-, Wasserpumpen-, kleine Flachspitz-, Rundspitz- Grip-, Innen- und Aussenseegerring-Zange)
14 isolierter Seitenschneider
15 Schlagschraubendreher (mit Schlitz- und Kreuzschlitzschrauben-Einsätzen)
16 Knarre (komplett mit allen Einsätzen, s. o. 3)
17 Drehmomentschlüssel (5–60 Nm / 60–300 Nm, dazu alle nötigen Werkzeuge und Nüsse)
18 Gewindeschneid-Ausrüstung (komplett mit Lehre und Schneider)
19 Helicoil-Ausrüstung
20 Elektrische Bohrmaschine (komplett mit Ausrüstung, inklusive Ständer)
21 Schraubstock
22 Werkbank

Das *könnte* genügen, aber der sichere Mann treibt die Freude noch weiter und gönnt sich noch andere gute Sachen.

23 Verschiedene Abzieher, von denen der wichtigste ein einfacher zweiarmiger ist
24 Heissluft-Industriefön
25 Elektrische Heizplatte (ca. 25 $m^3$ Durchmesser)
26 Schiebelehre (Mess-Schieber) und Messuhr (letztere komplett mit Halter)
27 Schraubzwingen zum Festhalten von Teilen
28 Ventilfeder-Spanner
29 Kolbenring-Spannzange
30 Lötkolben (verschiedene Grössen – 30, 80, 150 Watt)
31 Für die Elektrik: Prüflampe, Ohm-Meter, Volt-Meter, Säureprüfer

Dermassen ausgerüstet, bereitet es auch keine Schwierigkeiten, sich aus den Beständen des nächstgelegenen Schrotthändlers Abzieher, Abdrücker oder Spezialdorne und -halter zu konstruieren. Nützlich ist in dem Fall auch noch ein Schleifbock. Eine Motorrad-Hebebühne stellt ebenfalls eine nicht zu unterschätzende Arbeitserleichterung dar.
Ausserdem muss der Hobbymechaniker über eine Reihe von Verbrauchs-Stoffen verfügen, als da wären: Spiritus zum Entfetten von Dichtflächen, flüssige Dichtmasse (Drei-Bond-Silikondichtmasse o. ä.), Montage-Fett (möglichst mit $MoS_2$-Anteil), Pol-Fett (säurefrei), Loctite 221 (flüssige Schraubensicherung), Loctite 648 (Buchsen- und Lagerkleber) und Kupferpaste.
Auf die Reifenmontage wird nicht eingegangen, da der Reifenhändler erstens die schönen Drahtspeichenräder Ihres Singles schonender behandelt, als dies bei einem Reifenwechsel in Eigenregie vonstatten geht, und er zweitens auch für die richtige Auswuchtung zuständig ist.

# 2 Störungssuche

Kein Wort über die Zuverlässigkeit der BMWs! Störungen sind bei richtiger Pflege nicht zu erwarten, kommen aber natürlich dennoch gelegentlich vor. Die folgende Liste soll helfen, Fehler zu lokalisieren.

## 2.1 Schmiersystem

### 2.1.1 Ölstand zu niedrig, hoher Ölverbrauch

- Öl läuft aus
- Dichtungen lassen durch
- Kolbenringe verschlissen
- Ventilführungen abgenutzt

### 2.1.2 Öl verschmutzt

- Öl oder Ölfilter nicht rechtzeitig gewechselt
- Zylinderkopfdichtung schadhaft
- Kolbenringe verschlissen

### 2.1.3 Öldruck zu niedrig

- Ölstand zu niedrig
- Überdruckventil geöffnet
- Überdruckventil festgeklemmt
- Ölpumpe verschlissen
- Öl läuft aus

### 2.1.4 Öldruck zu hoch

- Überdruckventil geschlossen oder festgeklemmt
- Ölfilter verstopft
- Öltunnel verstopft
- Falsche Ölviskosität

### 2.1.5 Kein Öldruck

- Ölstand zu niedrig
- Ölpumpe defekt
- Internes Ölleck

## 2.2 Kraftstoffsystem

### 2.2.1 Motor wird durchgedreht, springt aber nicht an

- Kein Kraftstoff im Tank
- Kraftstoff gelangt nicht zum Vergaser
- Motor ist mit Kraftstoff überflutet («abgesoffen»)
- Kein Funke an den Zündkerzen
- Kraftstoff-Filter verstopft
- Luftfilter zugesetzt
- Ansaugen von Nebenluft
- Falsche Choke-Betätigung
- Falsche Gasdrehgriff-Betätigung

### 2.2.2 Motor springt schlecht an oder geht sofort wieder aus

- Falsche Choke-Betätigung
- Versagen der Zündanlage
- Vergaser defekt
- Kraftstoff verschmutzt
- Ansaugen von Nebenluft
- Leerlaufdrehzahl falsch eingestellt

### 2.2.3 Unruhiger Leerlauf

- Zündsystem defekt
- Leerlaufdrehzahl falsch eingestellt
- Vergaser defekt
- Kraftstoff verschmutzt

### 2.2.4 Zündaussetzer beim Beschleunigen

- Zündsystem defekt
- Falscher Elektroden-Abstand der Zündkerzen

### 2.2.5 Fehlzündungen

- Zündsystem defekt
- Vergaser defekt
- Falscher Elektroden-Abstand der Zündkerzen
- Vergaser zieht Neben-(Falsch-)Luft

#### 2.2.6 Schlechte Leistung und hoher Verbrauch

- Kraftstoffsystem verstopft
- Zündsystem defekt
- Luftfilter verschmutzt

#### 2.2.7 Zu mageres Gemisch

- Kraftstoffdüsen verstopft
- Unterdruckkolben verklemmt
- Schwimmernadelventil defekt
- Schwimmerstand zu tief
- Tankbelüftung verstopft, Belüftungsschlauch eingeklemmt
- Kraftstoffschlauch eingeklemmt
- Ansaugen von Nebenluft

#### 2.2.8 Zu fettes Gemisch

- Luftdüsen verstopft
- Schwimmernadelventil defekt
- Schwimmerstand zu hoch
- Choke bei warmem Motor betätigt
- Luftfilter verschmutzt

### 2.3 Zylinderkopf, Ventile, Zylinder

#### 2.3.1 Zu niedrige oder ungleichmässige Kompression

- Ventile falsch eingestellt
- Ventile verbrannt oder verbogen
- Falsche Ventilsteuerzeiten
- Ventilfeder gebrochen
- Zylinderkopfdichtung bläst durch
- Zylinderkopf verzogen oder gerissen
- Zylinder oder Kolbenringe verschlissen

#### 2.3.2 Zu hohe Kompression

- Übermässige Ölkohlebildung im Brennraum

#### 2.3.3 Starke Geräuschentwicklung

- Ventile falsch eingestellt
- Klemmendes Ventil oder gebrochene Ventilfeder
- Steuerkette zu locker oder verschlissen
- Steuerkettenspanner verschlissen oder beschädigt
- Kolben oder Zylinder verschlissen
- Übermässige Ölkohlebildung im Brennraum

#### 2.3.4 Starke Rauchentwicklung

- Zylinder oder Kolben verschlissen
- Kolbenringe falsch montiert/gebrochen
- Kolben oder Zylinderwand mit Riefen oder Schrammen

#### 2.3.5 Überhitzen

- Übermässige Ölkohlebildung im Brennraum
- Zu magere Vergasereinstellung

### 2.4 Kupplung, Schaltgestänge, Getriebe

#### 2.4.1 Kupplung rutscht beim Beschleunigen

- Kein Spiel in der Betätigung
- Feder erlahmt oder zu schwach
- Kupplungsbeläge verschlissen

#### 2.4.2 Kupplung rückt nicht aus

- Zuviel Spiel in der Betätigung
- Scheibe verzogen
- Druckmechanismus defekt

#### 2.4.3 Kupplung rupft

- Antriebswelle falsch ausdistanziert

#### 2.4.4 Übermässig starker Hebeldruck

- Kupplungszug falsch verlegt, beschädigt oder verschmutzt
- Druckmechanismus beschädigt

#### 2.4.5 Getriebe schwer schaltbar

- Falsche Kupplungseinstellung, zuviel Spiel in der Betätigung
- Schaltgabeln, Schaltwelle verbogen
- Nockenscheibe beschädigt

#### 2.4.6 Gänge springen heraus

- Schaltklauen verschlissen oder verbogen

- Schaltwelle verbogen
- Nockenscheiben-Anschlag defekt

## 2.5 Kurbelgehäuse, Kurbelwelle

### 2.5.1 Übermässig starkes Geräusch

- Kurbelwellenhauptlagerzapfen oder Lager verschlissen (Rumpeln)
- Pleuellager verschlissen (Klopfen)

## 2.6 Vorderbau

### 2.6.1 Lenkung schwergängig

- Lenksäulenmutter zu fest angezogen
- Lenkkopflager beschädigt oder defekt
- Reifenluftdruck zu niedrig

### 2.6.2 Motorrad zieht nach einer Seite

- Gabelbeine falsch mit Öl befüllt
- Standrohr verbogen
- Vorderachse verbogen
- Rad falsch eingebaut

### 2.6.3 Vorderrad flattert

- Rad verzogen
- Vorderradlager ausgeschlagen
- Reifen falsch montiert
- Reifen defekt oder unwuchtig
- Achsmutter nicht genügend angezogen

### 2.6.4 Federung zu weich

- Gabelfedern ermüdet
- Zu wenig Gabelöl
- Falsche Gabelöl-Viskosität

### 2.6.5 Federung zu hart

- Zu viel Gabelöl
- Falsche Gabelöl-Viskosität

### 2.6.6 Geräusche beim Einfedern

- Gleitrohr oder Führungsbuchsen abgenutzt
- Zu wenig Gabelöl
- Vorderradgabel-Befestigungsteile lose

## 2.7 Vorderradbremse

### 2.7.1 Schlechte Bremsleistung

- Luft im Hydrauliksystem
- Abgenutzte Bremsklötze
- Bremsklötze verschmutzt oder verglast
- Hydrauliksystem undicht

### 2.7.2 Handbremse rubbelt

- Bremsscheibe mit unzulässig hohem Schlag

### 2.7.3 Schlechte Bremsleistung

- Luft in der Bremsleitung
- Bremsbeläge abgefahren, verglast

### 2.7.4 Nachlassende Bremswirkung unter starker Belastung

- Bremsflüssigkeit überaltert

## 2.8 Hinterrad, Bremse, Aufhängung

### 2.8.1 Trommeln oder seitliches Flattern des Rades

- Rad verzogen
- Radlager lose
- Reifen falsch montiert
- Reifen defekt oder unwuchtig
- Rad nicht festgezogen
- Schwingen-Lagerung zu viel Spiel/defekt

### 2.8.2 Federung zu weich

- Federn ermüdet
- Stossdämpfer falsch eingestellt
- Stossdämpfer defekt

### 2.8.3 Geräusche beim Einfedern

- Stossdämpfergehäuse klemmt

- Befestigungsteile lose
- Schwingenlagerung verschlissen

### 2.8.4 Schlechte Bremsleistung

- Bremsbeläge verölt, verglast oder abgefahren

## 2.9 Batterie, Batterieaufladung

### 2.9.1 Kein Strom bei eingeschalteter Zündung

- Batterie leer
- Zu niedriger Säurestand
- Zu geringe spezifische Dichte
- Störung im Ladekreis
- Batteriekabel abgetrennt
- Hauptsicherung durchgebrannt
- Zündschalter defekt

### 2.9.2 Schwacher Strom bei eingeschalteter Zündung

- Batterie nicht aufgeladen
- Zu niedriger Säurestand
- Zu geringe spezifische Dichte
- Störung im Ladesystem
- Batterieanschluss lose

### 2.9.3 Schwacher Strom bei laufendem Motor

- Batterie nicht ausreichend geladen
- Zu niedriger Säurestand
- Eine oder mehrere tote Zellen
- Störung im Ladekreis

### 2.9.4 Zeitweilig aussetzender Strom

- Lose Kabelanschlüsse (Wackelkontakte)
- Kurzschluss in der Anlage

### 2.9.5 Störung im Ladekreis

- Kabel oder Anschluss lose, gerissen oder kurzgeschlossen
- Regler defekt
- Gleichrichter defekt
- Generator defekt

## 2.10 Zündsystem

### 2.10.1 Motor wird durchgedreht und springt nicht an

- Kein Funke an den Zündkerzen
- Zündgeberspule defekt
- Generator defekt
- Kabel zwischen Zündkerzen oder Zündgeber und Zündspule ungenügend angeschlossen, gerissen oder kurzgeschlossen

### 2.10.2 Kein Funke an den Zündkerzen

- Kurzschluss-Schalter auf Off
- Kabel schlecht angeschlossen, gerissen oder kurzgeschlossen zwischen Generator und Zündspule, Zündgeber-Einheit und Kurzschluss-Schalter, Zündgeber-Einheit und Zündspule, Zündgeber-Einheit und Zündschloss oder zwischen Zündspule und Zündkerze
- Zündschloss defekt
- Zündspule defekt
- Zündgeber-Einheit defekt
- Generator defekt

### 2.10.3 Motor springt an, läuft aber stotternd oder dreht nicht hoch

- Defekt im Primärzündstromkreis
- Zündspule defekt
- Loses Kabel
- Blankes Kabel
- Wackelkontakt oder loses Kabel in einem Schalter
- Defekt im Sekundärzündstromkreis
- Zündkerze defekt
- Hochspannungskabel defekt
- Falscher Zündzeitpunkt
- Zündgeber-Einheit defekt
- Defekt im Kraftstoffsystem

## 2.11 Starter

### 2.11.1 Startermotor dreht sich nicht

- Batterie entladen
- Zündschalter defekt
- Startknopf defekt
- Leerlaufschalter defekt
- Starter-Relaisschalter defekt
- Kabel lose
- Kabel abgetrennt

### 2.11.2 Startermotor dreht den Motor nur langsam durch

- Zu schwache Batterie
- Hoher Widerstand im Schaltkreis
- Startermotor klemmt, defekt

### 2.11.3 Startermotor läuft, ohne den Motor durchzudrehen

- Magnetschalter defekt
- Zahnräder des Startermotors defekt
- Zwischenzahnrad defekt

# 3 Wartung

- ⚠ – Wenn besondere Vorsicht angezeigt ist
- TIP – Wenn ein Fingerzeig gegeben wird
- 👁 – Wenn Inaugenscheinnahme erforderlich ist
- 📏 – Wenn genaues Messen erforderlich ist

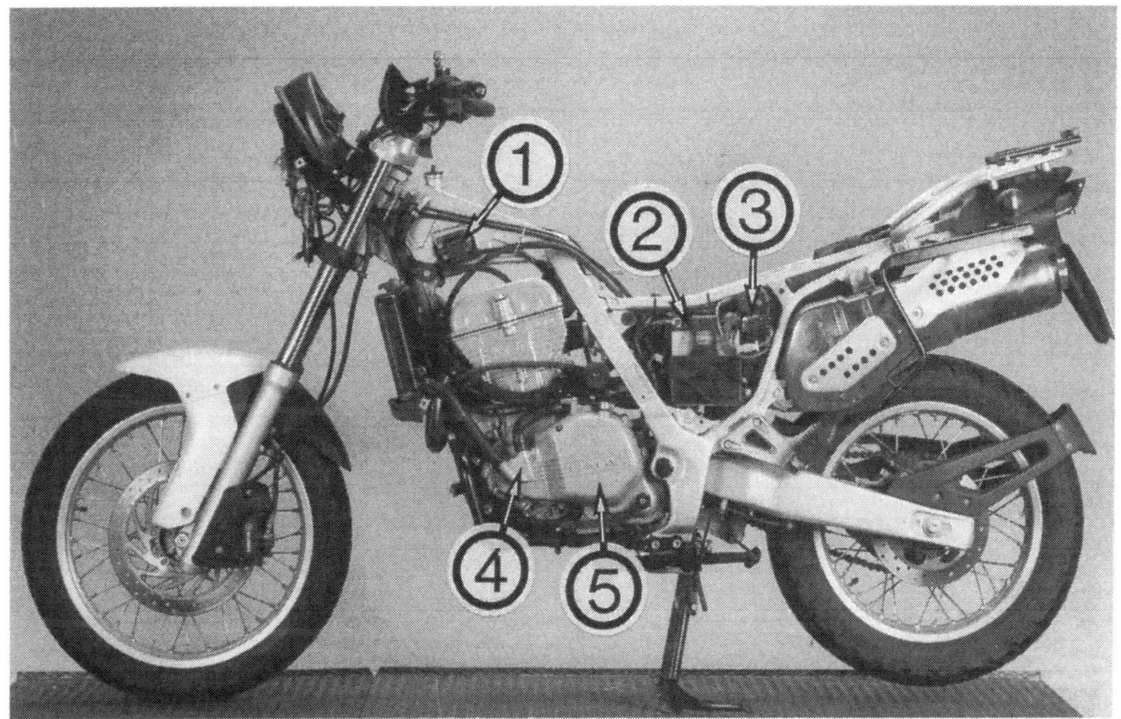


**Bild 1**
Seitenansicht von links
1 Zündspule (1 von 2)
2 Batterie
3 Starterrelais
4 Kühlmittelpumpe
5 Kupplung

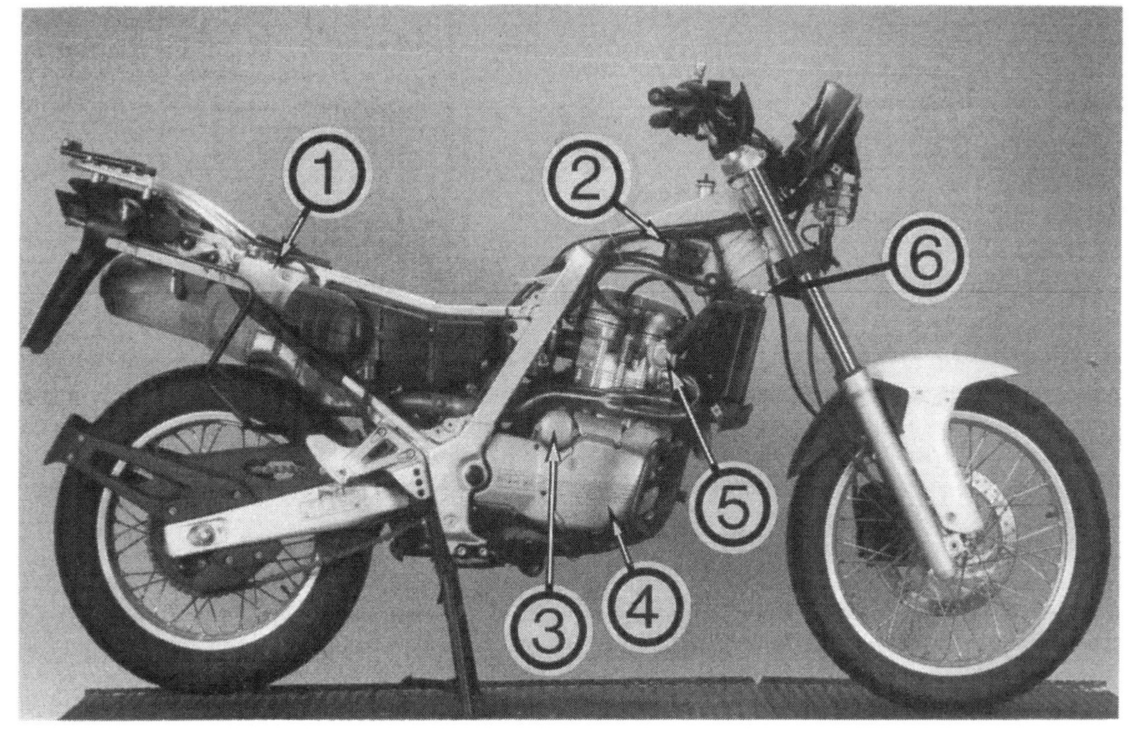


**Bild 2**
Seitenansicht von rechts
1 Kühlmittel-Ausgleichsbehälter
2 Zündspule (1 von 2)
3 Ölfilter
4 Generator
5 Thermostatgehäuse
6 Kühler-Verschlussdeckel

## 3.1 Wartungsintervalle

| | Inspektion 1000 km | Pflegedienst 10 000 km | Inspektion 20 000 km | jährlich |
|---|---|---|---|---|
| Ventilspiel | × | × | × | |
| Zündkerzen erneuern | | × | × | |
| Luftfilter | | × | × | |
| Kupplungs-Seilzugspiel | × | × | × | |
| Motoröl | × | × | × | × |
| Öltanksieb | × | × | × | |
| Ölfilter | × | × | × | |
| Teleskopgabelöl | | | × | |
| Kühlflüssigkeit prüfen | × | × | × | |
| Kühlflüssigkeit wechseln | | | | × |
| Kraftstoffhahn reinigen | | × | × | |
| Leerlaufdrehzahl | × | × | × | |
| Bremsflüssigkeit prüfen | | × | × | |
| Bremsbeläge prüfen | | × | × | |
| Radlager | | | × | |
| Speichen | × | × | × | |
| Kette und Kettenräder | | × | × | |
| Kettendurchhang | × | × | × | |
| Lenklagerspiel | | × | × | |
| Batterie | | | | × |
| Haupt- und Seitenständer | | × | × | |
| Anzugkontrolle Befestigungsteile: Motor, Rahmen, Auspuff, Schwinge, Federhebelei, Gabelklemmung und Radachsen | × | × | × | × |

Wer lange Freude am zuverlässigen Funktionieren seiner Maschine haben will, kommt um regelmässige Wartungsarbeiten nicht herum. Der BMW-Single ist jedoch einfach im Grundaufbau, so dass die Pflegedienste keinen grossen Werkzeug- und Zeitaufwand erfordern.
Die Wartungsintervalle 3.1 müssen bei normaler Fahrweise nicht sklavisch eingehalten werden. Während einer Urlaubsfahrt kann die fällige Inspektion auch einmal um 500 Kilometer hinausgeschoben werden.
Anders sieht es bei häufigem Kurzstreckenverkehr, Geländebetrieb oder bei dauernden Regenfahrten aus. Eine Fahrerin oder ein Fahrer mit Durchblick werden erkennen, ob sie ihre Maschine erschwerten Bedingungen aussetzen und die höher beanspruchten Baugruppen deshalb vorzeitig überprüfen.
Auch bei Wartungsarbeiten gilt: Ohne gutes Werkzeug in den benötigten Grössen fängt man mit dem Schrauben gar nicht erst an. Arbeiten an der hydraulischen Scheibenbremse sollten allerdings aus Sicherheitsgründen nur bei entsprechenden Vorkenntnissen selbst durchgeführt

## Servicedaten

| Benennung | Sollwert | Spezifikation |
|---|---|---|
| **Ölfüllmengen** | | |
| Motor mit Filter | 2,1 Liter | BMW Super-Power |
| Teleskopgabel je Holm | 0,6 Liter | BMW-Teleskopgabelöl |
| **Kühlflüssigkeit** | | Zusammensetzung: |
| Kühlsystem | 1,2 Liter | Wasser 50% |
| Ausgleichsbehälter | 0,2 Liter | Frostschutzmittel 50% |
| | | Frostschutz bis −25° C |
| **Bremsflüssigkeit** | | |
| **Ventilspiel** | | |
| (Motortemperatur maximal 35° C) | E 0,10 – 0,15 mm | |
| | A 0,10 – 0,15 mm | |
| **Zündkerzen** | | |
| Elektrodenabstand | 0,6 – 0,7 mm | NGK D8 EA |
| **Leerlaufdrehzahl** | 1300 + 100 $min^{-1}$ | |
| **CO-Wert** | | |
| Katalysator | 2,5 – 0,5% | |
| | (4,5 – 0,5 bei 34 PS) | |
| **Seilzugspiel der Kupplung** | | |
| Seilzug am Handhebel | 2,0 ± 0,5 mm | |
| **Reifendruck** | | |
| bei kalten Reifen | | |
| Solo vorne | 1,8 bar | |
| Solo hinten | 1,9 bar | |
| bei voller Zuladung vorne | 1,8 bar | |
| bei voller Zuladung hinten | 2,5 bar | |

| **Anziehdrehmomente** | |
|---|---|
| Öl-Ablass-Schraube Motor | 40 Nm |
| Öl-Abschlass-Schraube Öltank | 10 Nm |
| Zylinderschraube (Bohrung Fixierstift) | 24 Nm |
| Nockenwellenträger | 10 Nm |
| Ventildeckel | 10 Nm |
| Zündkerze | 20 Nm |
| Öl-Ablass-Schraube Teleskopgabel | 6 Nm |
| Klemmschrauben für Steckachse vorne | 12 Nm |
| Steckachse vorne | 80 Nm |
| Steckachse hinten | 100 Nm |
| Kettenrad an Kettenradträger | 25 Nm |
| Bremssattelträger an Gleitrohr | 50 Nm |
| Schwingenlagerung | 100 Nm |
| Nutmutter | spielfrei |
| Kontermutter Lenkungslager | 40 Nm |
| Umlenkhebel/Rahmen | 50 Nm |
| Umlenkhebel/Federbein | 30 Nm |
| Umlenkhebel/Zugstrebe | 80 Nm |
| Schwinge/Zugstrebe | 50 Nm |
| Kraftstoffhahn | 7 Nm |

werden, ansonsten ist das Motorrad in einer Fachwerkstatt besser aufgehoben.
Bilder 1 und 2 zeigen Seitenansichten der Maschine, die letzte Unklarheiten darüber ausräumen, wo sich was befindet.

## 3.2 Verkleidung und Tank

● Verkleidung und Tank müssen nicht grundsätzlich zu jeder Wartungsarbeit demontiert wer-

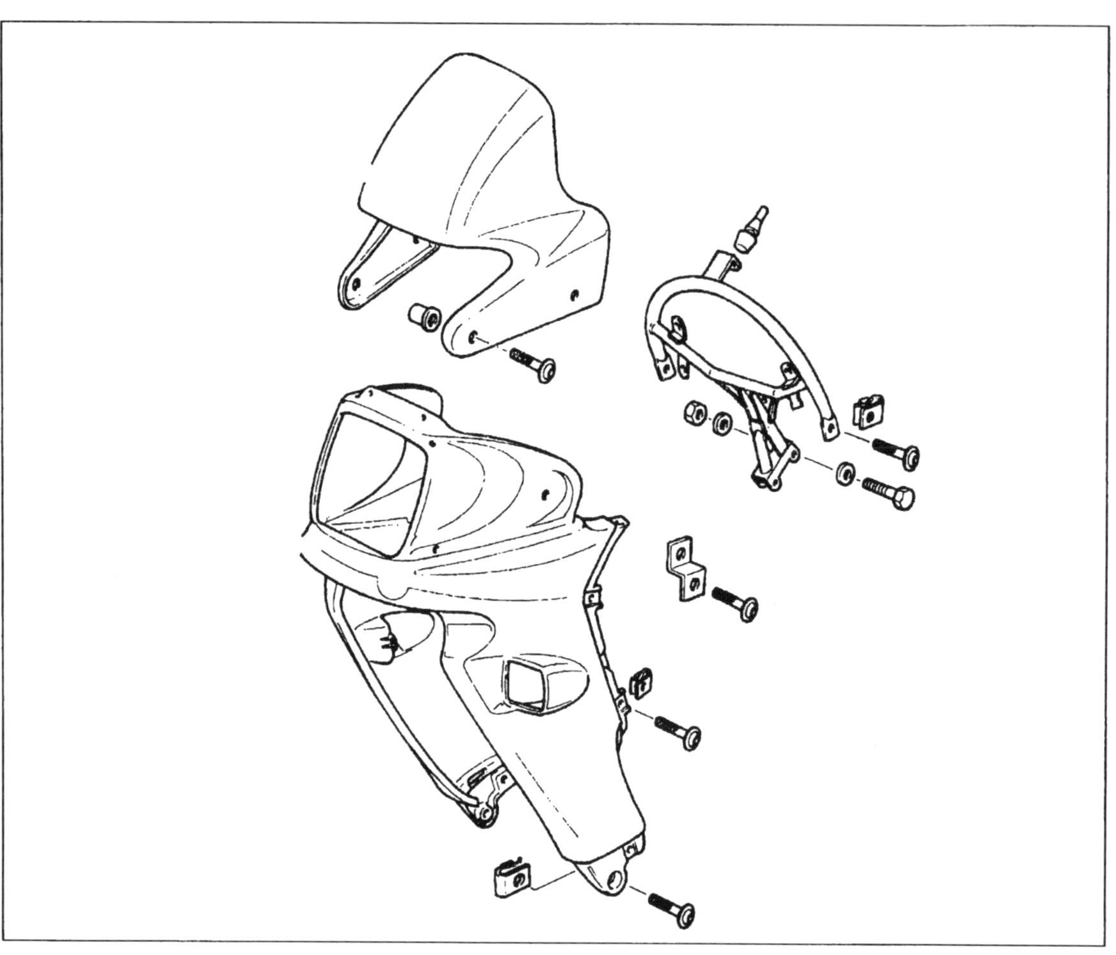

**Bild 3**
Frontverkleidung mit Windabweiser

den. Wartungs- oder Demontagearbeiten, die dies notwendig machen, enthalten einen Verweis auf dieses Kapitel.

● Windabweiser ① Bild 3 nach Ausdrehen von vier Befestigungsschrauben abnehmen.
● Verkleidungsstrebe Bild 4 nach Ausdrehen von drei Befestigungsschrauben ausdrehen.
● Stecker von Scheinwerfer, Standlicht und Blinkern (links und rechts) trennen.
● Frontverkleidung nach Ausdrehen der Befestigungsschrauben in Bild 5 abnehmen.
● Sitzbank mit Zündschlüssel entriegeln und abnehmen.
● Kraftstoffschlauch vom Hahn abziehen und Tanküberlaufschlauch ① Bild 6 trennen. Befestigungsschrauben Bild 6 ausdrehen und Tank nach hinten oben abnehmen.
● In umgekehrter Reihenfolge wieder montieren.

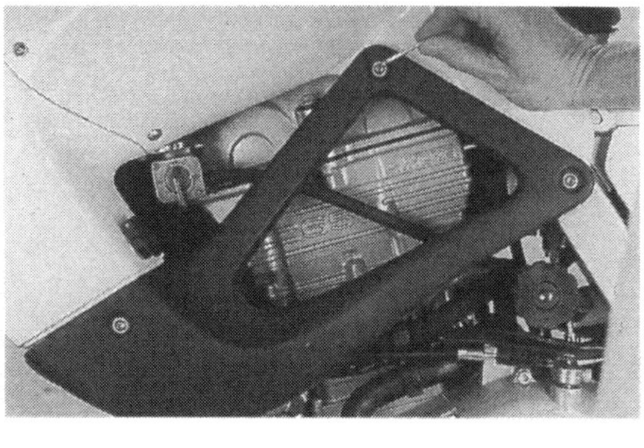

**Bild 4**
Motorseitenverkleidung (drei Schrauben)

## 3.3 Kraftstoffleitung

Kraftstoffschläuche haben die unangenehme Eigenschaft, im Laufe der Zeit zu verhärten und dann einzureissen.
Die Schläuche lassen sich jedoch ohne Demontage auf Beschädigung oder Undichtheit kontrollieren.
● TIP Im Zweifelsfall einen angefressenen Schlauch lieber auswechseln, denn das Gummiröhrchen platzt garantiert während der nächsten Nachtfahrt auf der Autobahn.

## 3.4 Kraftstoff-Filtersieb reinigen

Wenn der kernige Single plötzlich unsauber am Gas hängt oder bei höheren Drehzahlen aussetzt, kann das am zugesetzten Kraftstoff-Filter liegen.

Im Tankinneren abgeplatzte Lackpartikelchen oder Verunreinigungen im Sprit sammeln sich im feinen Geflecht. Deshalb alle 10000 km Filtersiebe reinigen.

- Tank entleeren.
- Kraftstoffhahn nach Ausdrehen der Befestigungsschrauben ① Bild 7 abnehmen.
- Fremdkörper an Sieben ② und ③ mit weichem Pinsel entfernen und mit Druckluft ausblasen.
- Hahn mit einwandfreiem O-Ring ④ wieder einbauen. Anzugsmoment der Befestigungsschrauben ① 12 Nm.

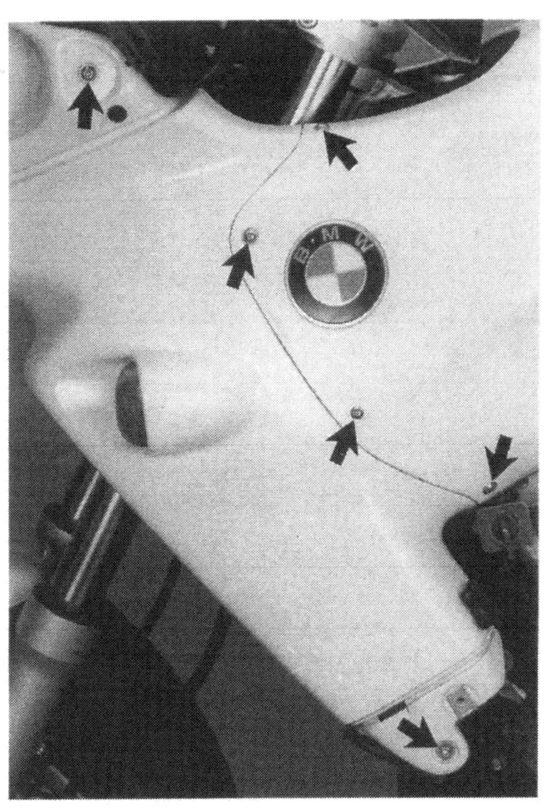


**Bild 5**
Befestigungsschrauben Frontverkleidung

## 3.5 Luftfilter

Die Luftfilterreinigung steht laut Wartungsplan alle 10000 Kilometer an.

- Sitzbank und Seitenverkleidung demontieren.
- Zwei Befestigungsschrauben am Luftfilter-Gehäusedeckel ③ Bild 1 ausdrehen. Deckel samt Starterrelais abnehmen und Filterelement herausziehen (Bild 8).

**Bild 6**
Tankbefestigung

- Filterelement in Reinigungsflüssigkeit auswaschen und mit Luftfilteröl (erhältlich im Zubehörhandel) einsprühen.

Kein Motoröl verwenden!

- Filterelement in umgekehrter Reihenfolge montieren.
- Kondensat-Absetzschlauch Bild 9 nach Abnehmen des Stöpsels in Auffanggefäss austropfen lassen.

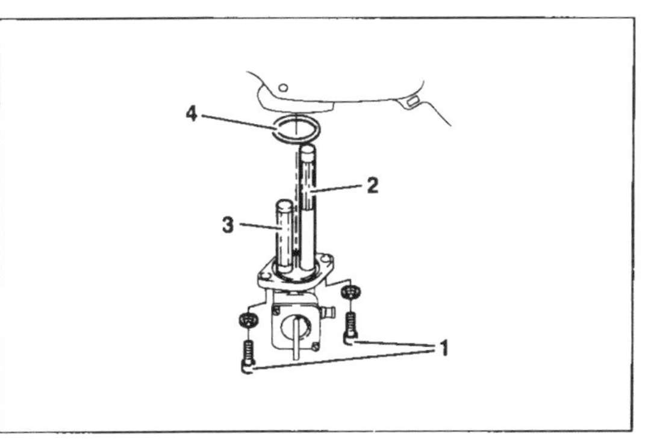


**Bild 7**
Kraftstoffhahn
1 Befestigungsschrauben
2 Siebfilter (Normal)
3 Siebfilter (Reserve)
4 O-Ring

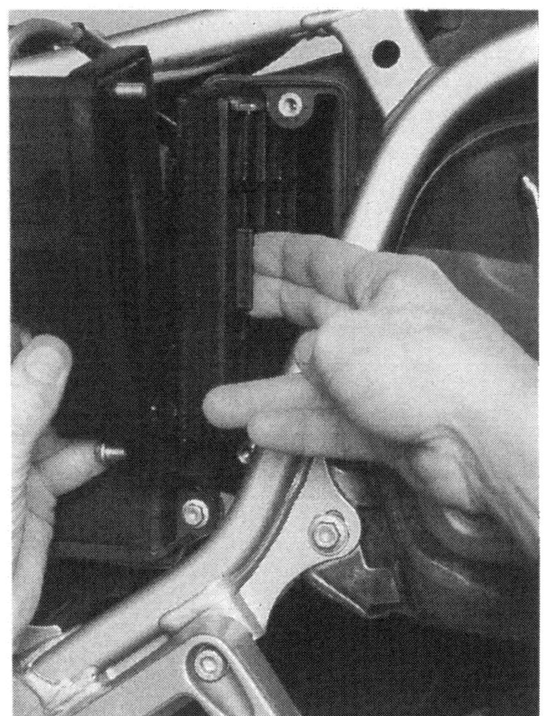

Bild 8
Luftfilterelement herausziehen

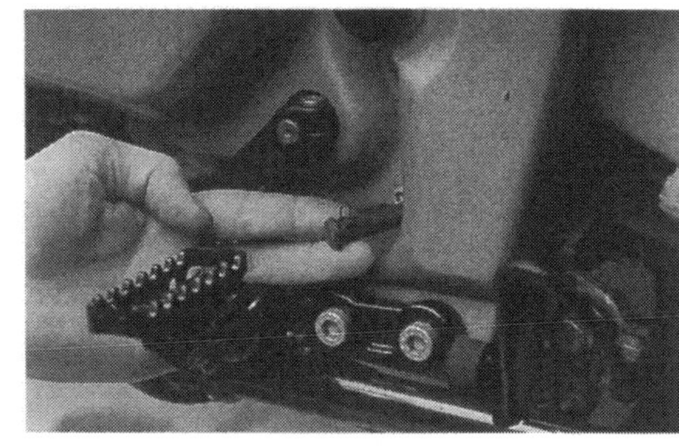

Bild 9
Absetzschlauch mit Stopfen

Bild 10
Zylinderkopfdeckel
mit Entlüftungsschlauch

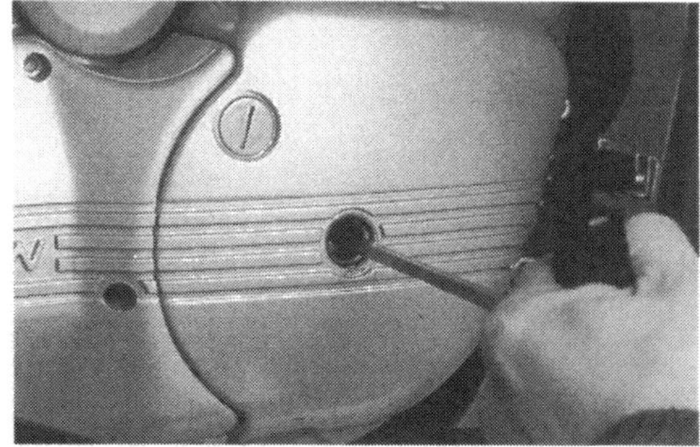

Bild 11
Kurbelwelle drehen
mit Innensechskant SW 6

## 3.6 Ventilspiel

Ein gewisses Spiel zwischen Nocken und Ventilen ist nötig, damit die Ventile den Brennraum bei allen Betriebstemperaturen dicht abschliessen. Als moderner Vertreter der Einzylinderriege wird beim Rotax-Doppelnocker das Ventilspiel mittels unterschiedlich dicker Einstellplättchen korrigiert. Kontrolliert wird alle 10 000 km.

● ⚠ Ventilspiel bei kaltem Motor (unter 35°C/handwarm) kontrollieren und einstellen!

● Tank und Verkleidung abnehmen (Kapitel 3.2).

● Am Zylinderkopfdeckel (Bild 10) sechs Befestigungsschrauben ausdrehen. Entlüftungsschlauch kann an Deckel verbleiben, wenn Dekkel beschädigungssicher am Rahmen befestigt wird.

● Zündkerze herausschrauben und mittige Verschluss-Schraube am Generator-Gehäuse ausdrehen.

● Mit Innensechskantschlüssel SW 6 Kurbelwelle im Uhrzeigersinn drehen (Bild 11), bis sich Strichmarkierungen auf Nockenwellen-Kettenrädern wie in Bild 12 gezeigt gegenüberstehen und Nocken nach vorn (Auslassnocke) und hinten (Einlassnocke) weisen.

● Fühlerlehrenblatt zwischen Nocken und Einstellplättchen auf festen Schiebesitz prüfen (Bild 13).

**Ventilspiel: Ein- und Auslass 0,10 bis 0,15 mm.**

● Falls Ventilspiel nicht korrekt, d. h. kein fester Schiebesitz spürbar, Spielwert und zugehöriges Ventil notieren.

● Innensechskantschraube SW 6 im Bereich vom Stutzen für Ölrücklauf ausdrehen (Bild 14) und Kurbelwelle mit Fixierschraube BMW-Nr. 11 6 570 blockieren.

● TIP Fixierschraube kann leicht selbst angefertigt werden. Dazu etwa 50 mm lange M-8-Schraube mit 45 Grad konisch «anspitzen».

● ⚠ Festsitz der Fixierschraube in Kurbelwelle überprüfen (Kurbelwelle darf sich wie in Bild 11 gezeigt nicht drehen).

● Das Kettengleitstück ① Bild 15 von Nockenwellenträger abnehmen. Befestigungsschrauben des Trägers ausdrehen und Träger mit Nockenwellen abnehmen.

● Einstellplättchen mit Zängchen, Magnetheber oder Pressluft aus Tassenstössel entfernen und durch entsprechend dünneres oder dickeres Plättchen ersetzen, um Spiel wieder in Toleranz zu bringen.

● Dicke der neuen Einstellplättchen vor Einbau mit Mikrometerschraube kontrollieren.

● Nockenwellenträger mit Nockenwellen so montieren, dass sich Markierungsstriche der Kettenräder wie in Bild 12 gezeigt auf der Trennfuge des Nockenwellenträgers gegenüber stehen (Anzugmoment Kettengleitstück und Trägerschrauben 10 Nm; Befestigungsschrauben des Kettengleitstücks mit Loctite 221 eindrehen).

● Dichtung des Zylinderkopfdeckels vor Einbau auf Beschädigung überprüfen und gegebenenfalls auswechseln.

●⚠ Fixierschraube ausdrehen und Zylinderschraube mit so gut wie neuem Dichtring wieder eindrehen (24 Nm).

● Zündkerze eindrehen (Gewinde trocken, 20 Nm).

● Tank und Verkleidung wieder anbringen.

## 3.7 Zündkerzen

Die zwei Funkenspender der F 650 werden alle 10 000 km erneuert.

Um das Kerzenbild aussagefähig beurteilen zu können:

● Motor 10 km im mittleren Drehzahlbereich warmfahren.

● Motor schon beim Ausrollen des Motorrads abschalten.

●⚠ Längeres Laufen des Motors im Standgas vor Abstellen des Motors macht eine richtige Kerzenbild-Beurteilung unmöglich (→ Kerze russt ein)!

● Kerzenstecker abziehen und Zündkerze mit Zündkerzenschlüssel herausdrehen.

●⚠ Kerzenbild sollte einen rehbraunen Farbton zeigen, bei weissem bis aschgrauem Bild ist die Vergasereinstellung zu mager, der Motor läuft zu heiss.
Bei dunkelbraunem bis schwarzem Kerzenbild ist das Kraftstoffluftgemisch zu fett (was auch vom zugesetzten Luftfilter herrühren kann).
Schwarz verrusste, feuchtglänzende Kerzen deuten auf verschlissene Ventilführungen oder abgenutzte Kolbenringe, durch die Öl in den Verbrennungsraum gelangen kann.

● Vor Einbau neuer Zündkerzen Elektrodenabstand mit Fühlerlehre messen, Sollwert: 0,6 bis 0,7 mm (Bild 16).

●⚠ Elektrode nicht nachbiegen, Bruchgefahr im Betrieb!

●⚠ Zündkerze gefühlvoll von Hand einschrauben, unbedingt darauf achten, dass schon der erste Gewindegang richtig greift.
Eine schräg angesetzte Kerze ruiniert mit ihrem harten Stahlgewinde das weiche Gewinde im Aluminium-Zylinderkopf schon nach einer halben Umdrehung.

● Erst bei richtigem Sitz Kerze mit Kerzenschlüssel anziehen (20 Nm) und Kerzenstecker wieder aufsetzen.

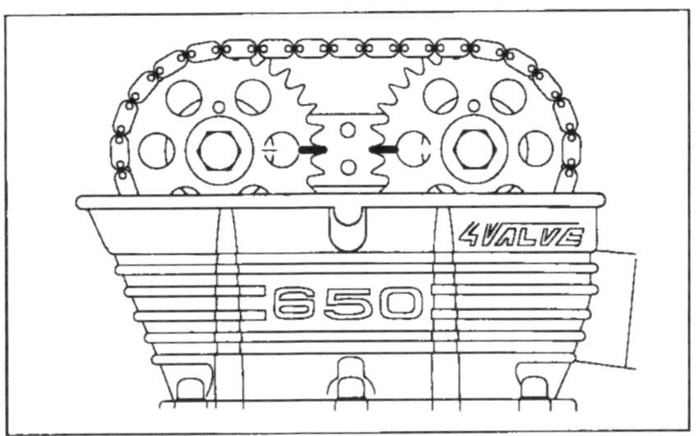


**Bild 12**
Markierungen ausrichten

**Bild 13**
Ventilspiel messen.
Linke Ventile durch Schlitz in Lagerbock messen

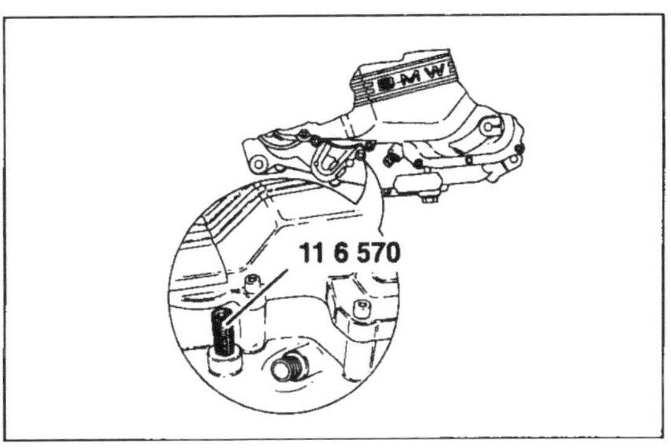


**Bild 14**
Blockierschraube eindrehen

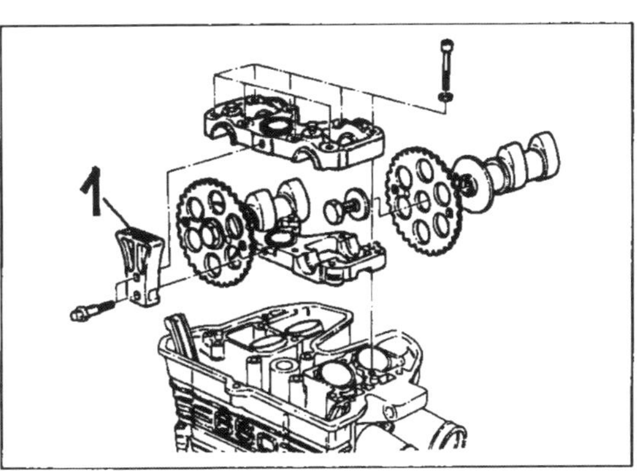


**Bild 15**
Lagerbock mit Nockenwelle
1 Kettengleitstück

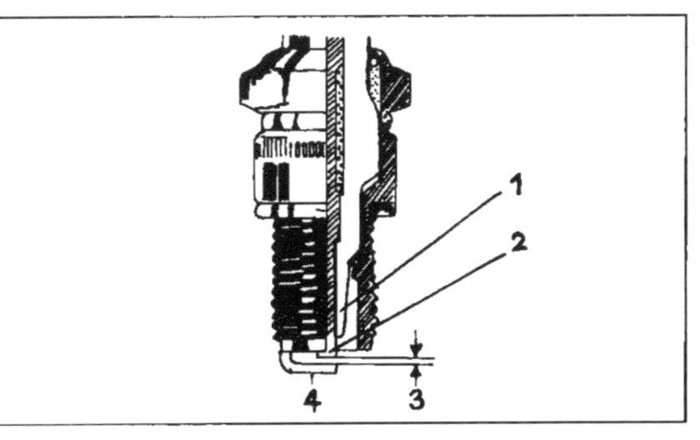


**Bild 16**
Zündkerze
1 Isolierkörper
2 Mittelelektrode
3 Elektrodenabstand
4 Masseelektrode

## 3.8 Kupplung

Bild 17
Kupplungs-Seilzugspiel

Um zu verhindern, dass die Kupplung ungewollt bei Belastung durchrutscht, wird am Handhebel ein Sicherheitsspiel eingestellt.

● Am Kupplungshebel Gegenmutter lösen und Stellschraube drehen (Bild 17), bis Leerwegspalt zwischen Handhebel und Widerlager 2 ± 0,5 mm (etwa 5 bis 7 mm Leerweg an Hebelspitze) beträgt.

● Gegenmutter wieder anziehen.

● Falls Seilzug gewechselt worden ist oder Kupplungsdeckel demontiert wurde, Stellung des Hebels auf Ausrückwelle kontrollieren:

● Ausrückhebel ① Bild 18 von Hand soweit nach vorn drücken, bis Ausrückpunkt spürbar ist. Mass A muss dann 68 bis 75 mm betragen.

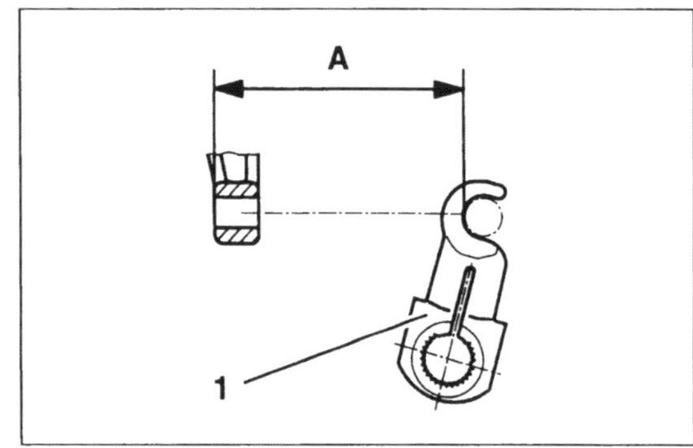


Bild 18
Ausrückhebel ①

## 3.9 Leerlaufdrehzahl, Gas- und Chokeseilzug

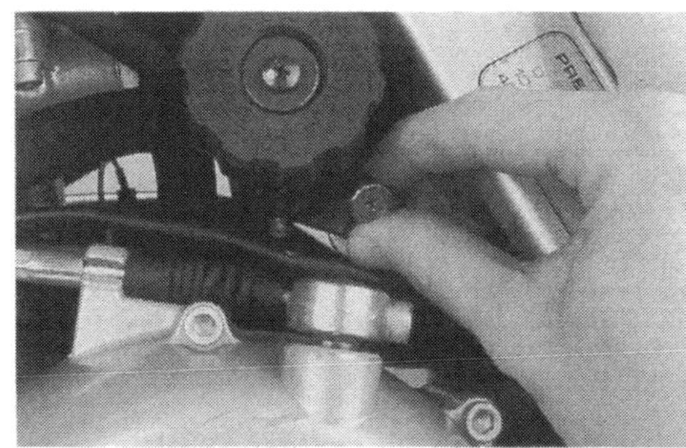

Bild 18 a
Leerlauf-Einsteller

● **Leerlaufdrehzahl** bei betriebswarmem Motor (Lüfter schaltet ein) kontrollieren und einstellen.

● Leerlaufdrehzahl durch Ein- oder Ausdrehen der Rändelschraube (Bild 18a) auf 1300 bis 1400/min einregulieren.

● **Seilzugspiel** an Einstellern (Bilder 19 und 20) nach Lockern der Gegenmutter auf 1 bis 3 mm (Chokeseilzug) bzw. 1 bis 2 mm (Gasseilzug) einstellen.

● Zum **Wechsel des Gasseilzugs** Tank und linke Seitenverkleidung abnehmen.

● Am Vergaser Drosselklappenwelle (Seilzugnippel-Aufnahme) von Hand öffnen und Aussenhülle des Seilzugs aus Widerlager herausnehmen. Nippel aus Aufnahme herausnehmen (Bild 21).

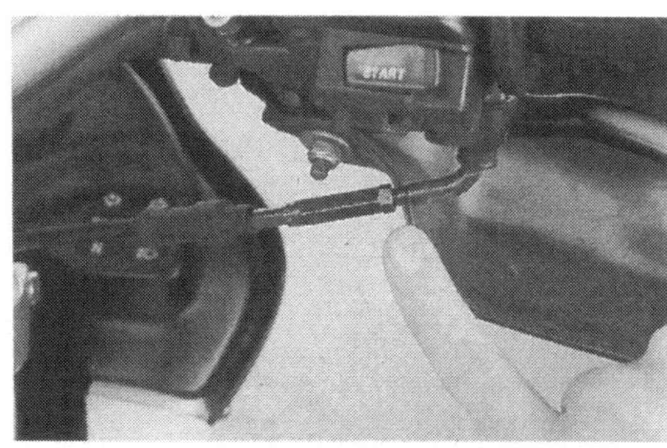


Bild 19
Gasseilzugspiel-Einsteller

● Kombischalter (Bild 22) trennen (zwei Befestigungsschauben ausdrehen).

● Seilzugnippel aus Aufnahme aushängen. Staubschutzkappe abziehen und Gegenmutter ③ lösen.

● Seilzug aus Kombischalter herausführen.

● Neuen Seilzug knickfrei in umgekehrter Reihenfolge einbauen.

● Vor Zusammenbau des Kombischalters Nippelaufnahme leicht fetten.

●⚠ Seilzugnippel in vordere Aufnahme (Pfeil) einhängen.

● Position der Lenkerarmatur ist durch Bohrung im Lenker fixiert.

● Seilzugspiel einstellen.

● Zum **Wechsel des Chokeseilzugs** Mutter ① Bild 23 ausdrehen und Seilzug mit Kolben/Düsennadel aus Vergaser herausziehen.

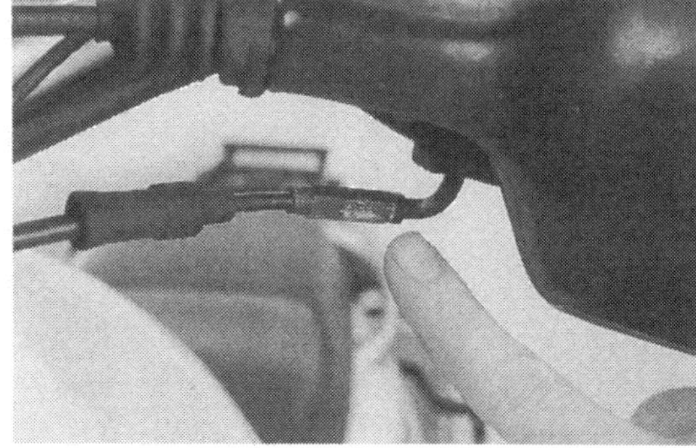

Bild20
Chokeseilzugspiel-Einsteller

● Seilzugnippel aus Aufnahme herausführen. Auf Verbleib der Feder achten!
● Kombischalter (links) öffnen (zwei Befestigungsschrauben ausdrehen; Bild 24).
● Seilzug aus Aufnahme ④ herausführen und Rändelmutter ⑤ lösen.
● Seilzug aus Kombischalter ausbauen.
● Einbau erfolgt in umgekehrter Reihenfolge. Dabei auf knickfreie Verlegung des Seilzugs achten. Chokehebel (Pfeil) leicht fetten.
● Seilzugspiel einstellen.

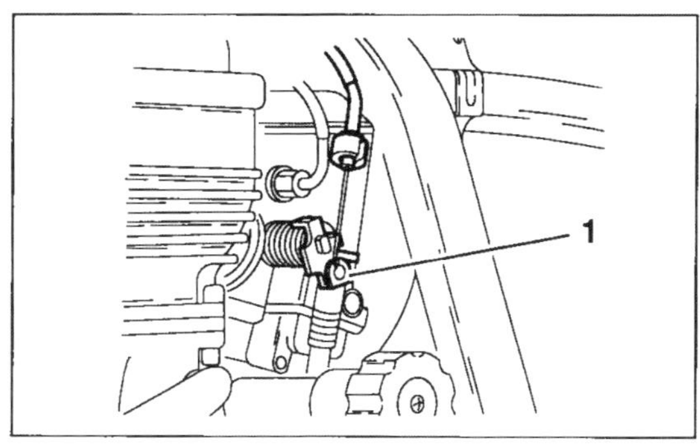


**Bild 21**
Gasseilzug
mit Nippelaufnahme ①

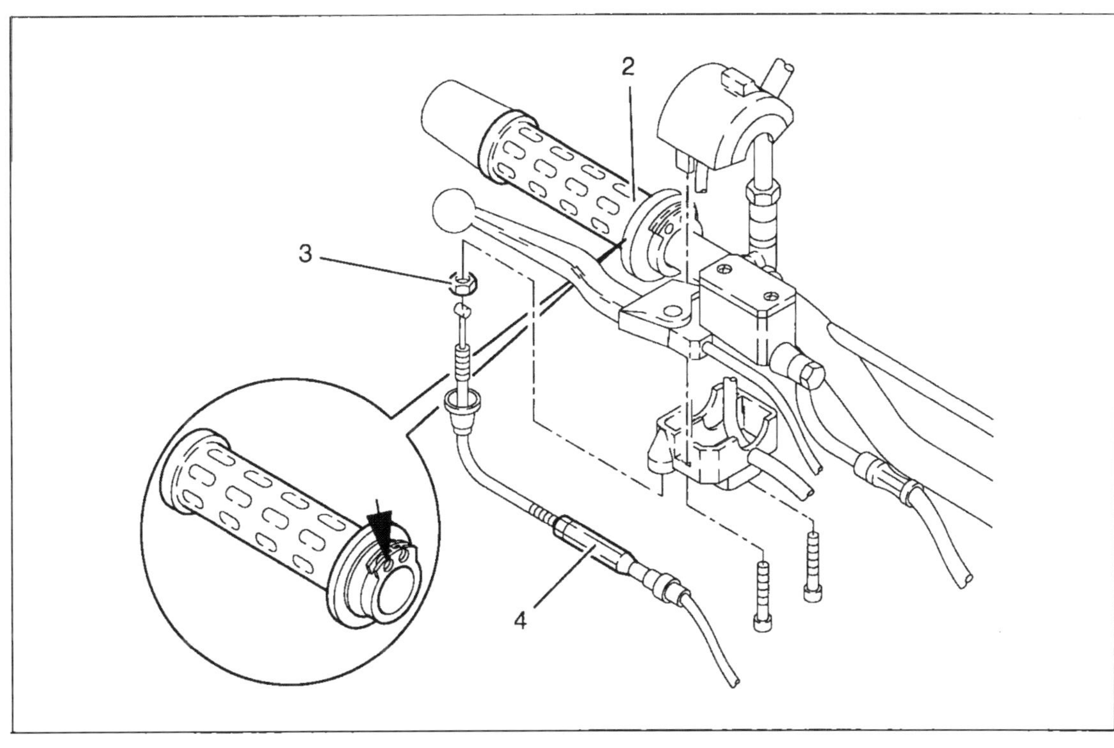


**Bild22**
Gasdrehgriff ②
mit Gegenmutter ③
und Spieleinsteller ④
Pfeil = Nippel in vordere Aufnahme einsetzen

## 3.10 Motoröl und Filterwechsel

Das Öl ist sozusagen der Lebenssaft für jedes Triebwerk. Klar, dass da der Pegelstand regelmässig kontrolliert wird.
● ⚠ Ölkontrolle bei heissem Motor führt zu Fehlinterpretation, und dadurch zu falscher Ölfüllmenge!
● ⚠ Um Schäden am Motor zu vermeiden, Maximalstand nicht überschreiten, Minimalstand nicht unterschreiten!
● Heissen Motor mindestens 10 Minuten abkühlen lassen.
● Maschine auf Hauptständer stellen bzw. gerade halten.
● Motor eine Minute im Leerlauf laufen lassen, um Öltank zu füllen.
● Ölmess-Stab vor Tank herausschrauben, säubern und zum Prüfen des Ölstands nur einstekken, nicht einschrauben!
● Ölstand an Strichmarkierung des Mess-Stabs ablesen. Differenz zwischen MIN und MAX be-

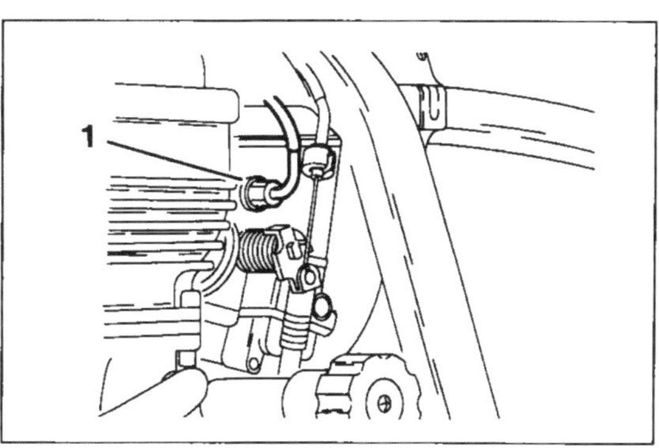


**Bild23**
Chokemutter ①

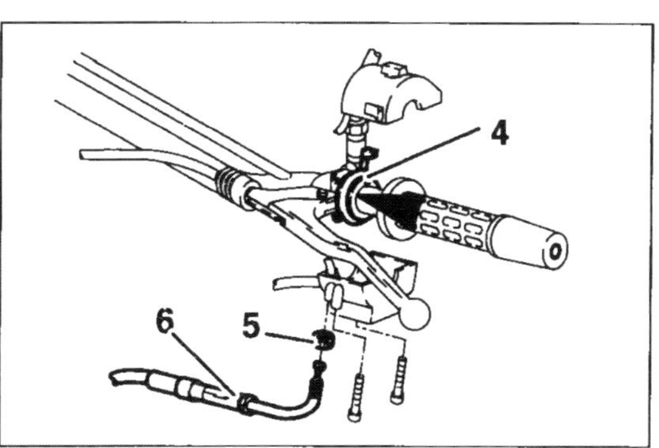


**Bild24**
Chokehebel ④
mit Gegenmutter ⑤
und Seilzugeinsteller ⑥

**Bild 25**
Motor-Ölablass

**Bild26**
Öltank-Ablass

**Bild 27**
Ölfilterdeckel abnehmen

**Bild 28**
Ölfilter

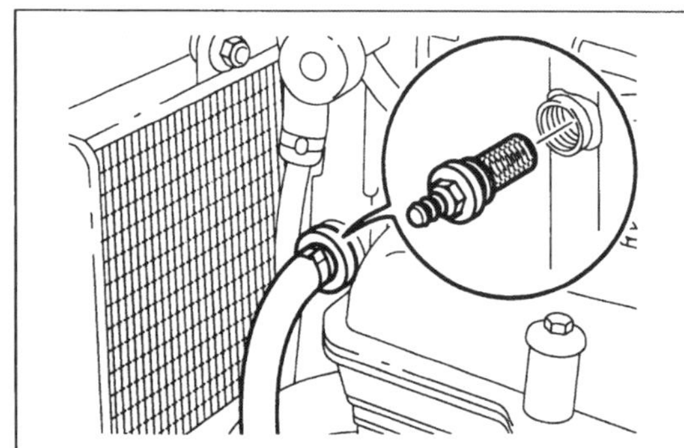

**Bild 29**
Öltanksieb

trägt etwa 0,3 Liter.

● Falls erforderlich, Motoröl über Einfüllöffnung nachfüllen.

● Mess-Stab wieder eindrehen.

● Alle 10 000 km bedürfen 2,1 Liter Öl einer Erneuerung, mindestens aber einmal im Jahr.

● Das Öltankfiltersieb dient als Rückhalt für grobe Verunreinigungen (Metallabrieb nach Motorschäden). Deshalb bei groben Verunreinigungen Öltank reinigen (ausschwenken mit Reinigungsmittel).

Das Ölfilter hat die Aufgabe, kleinste Partikelchen aus dem Motoröl herauszufiltern. Sobald der Motor läuft, befindet sich das Öl in dauerndem Kreislauf vom Öltank zum Motor und seinen Schmierstellen und tropft dort ab in den Ölsumpf, um wieder in den Öltank gepumpt zu werden.

● ⚠ Ölfilter deshalb bei jedem Ölwechsel erneuern.

● TIP Motoröl bei betriebswarmer Maschine ablassen, damit sich die Metallabriebsteilchen noch in der Schwebe befinden und sich noch nicht abgesetzt haben.

● Motorrad auf Hauptständer stellen und Motorschutz-Verkleidung abnehmen (vier Befestigungsschrauben).

● Geeignetes Auffanggefäss (ca. drei Liter Fassungsvermögen) unterschieben, Motorölablass-Schraube (Bild 25) und Öltankablass-Schraube (Bild 26) ausdrehen.

● ⚠ Finger nicht am heissen Öl verbrühen! Öl läuft erst im Schuss, nach einiger Zeit nur noch tröpfchenweise. Geduldig warten, bis der letzte Tropfen den Weg ins Auffanggefäss gefunden hat.

● Auffangwanne unter Ölfilter stellen.

● Ölfilter-Deckel nach Lösen von zwei Befestigungsschrauben abnehmen (Bild 27).

● Filter entfernen und Öl geduldig austropfen lassen.

● Neues Filter (Gummi geölt) einschieben und Ölfilterdeckel mit O-Ring (geölt) montieren (Bild 28; Anzugsmoment 10 Nm).

● TIP Ablass-Schrauben sind mit einem Alu- oder Kupferdichtring versehen, der bei mindestens jedem zweitem Ölwechsel erneuert werden sollte.

● Motorölablass-Schraube (40 Nm) und Öltankablass-Schraube (10 Nm) eindrehen.

● Zur Reinigung des Öltanksiebfilters (Bild 29) Seitenverkleidung abbauen, Schlauchschelle lockern und Schlauch vom Stutzen abziehen.

● Filtersieb herausschrauben und mit Pressluft reinigen.

● Filtersieb mit so gut wie neuem O-Ring (leicht geölt) einschrauben und Schlauch mit Schelle an Stutzen befestigen.

● Etwa 1,7 Liter Motoröl SAE 20 W/40 befüllen (bis zur MAX-Markierung am Mess-Stab). Mess-

Stab eindrehen.
- Motor eine Minute laufen lassen.
- Ölstand mittels Mess-Stab kontrollieren (nur ansetzen, nicht einschrauben!). Öl bis zur MAX-Markierung auffüllen.
- ⚠ Motoröl nie über MAX auffüllen!
- ⚠ Altöl nicht «weggiessen» (!), sondern an einer Sammelstelle (in jeder grösseren Stadt zu finden) oder Tankstelle abliefern!
- ⚠ Jeder Ölverkäufer ist zur Zurücknahme von Altöl verpflichtet!

## 3.11 Antriebskette

Die Antriebskette ist eigentlich das Teil am Motorrad, dem man seinen Pflegezustand auf den ersten Blick ansieht. Doch wird die als lästig empfundene Kettenpflege häufig sträflich vernachlässigt, obwohl sie doch wesentlichen Einfluss auf die Fahrleistungen eines Motorrads hat.

- TIP Antriebskette niemals bei laufendem Motor prüfen oder einstellen.
- Maschine auf Haupt- oder Seitenständer stellen (Hinterrad unbelastet) und Kettendurchhang mittig zwischen Kettenrad und Ritzel prüfen.
- ⚠ Kettendurchhang an mehreren Stellen messen, da sich Kette ungleichmässig längen kann. Sollwert an straffster Stelle: 20 bis 30 mm (Bild 30).
- Falls Durchhang nicht korrekt, Achsmutter ① Bild 31 lockern.
- Einstellschrauben ② beidseitig gleichmässig ein- oder ausdrehen, bis Kette vorgeschriebene Spannung aufweist.
- Kettendurchhang darf keinesfalls weniger als 20 mm betragen – Gefahr durch stossartige Drücke für Getriebe-Abtriebslager!
- Vor Anziehen der Achsmutter Ausrichtmarken ③ auf beiden Seiten der Schwinge auf gleichmässige Stellung kontrollieren. Gegebenenfalls auf gleiche Marken ausrichten.
- Hinterachsmutter wieder anziehen (100 Nm).
- Als letzte Kontrolle Maschine abbocken und aufsitzen. Auch jetzt darf Kette keinesfalls voll gespannt sein.
- Gleichzeitig Zähne von Kettenrad und Ritzel auf Abnutzung untersuchen (Bild 32).
- ⚠ Falls verschlissen, Kettenräder zusammen mit Kette als Satz auswechseln (vorderes Kettenrad siehe Kapitel 11 / hinteres Kapitel 15).
- ⚠ Niemals neue Kette mit alten Kettenrädern oder umgekehrt kombinieren, da sich Teile gegenseitig extrem schnell verschleissen würden.
- Gebräuchliche O-Ringketten besitzen kein Kettenschloss, zum Wechseln deshalb Schwinge ausbauen (Kapitel 15). Normale Nietenzieher sind für O-Ringketten nicht zu gebrauchen, dazu gehören spezielle Ausdrücker (im Werkzeughandel erhältlich).
- TIP Alte Ketten können natürlich auch mit Trennschleifer (Flex) getrennt werden. Als recht praktisch bei der Montage von Nicht-Endlosketten haben sich EK-Schraubkettenschlösser von Enuma erwiesen.
- Austauschkette: O-Ringkette ⅝ × ¼"; 120 Glieder.

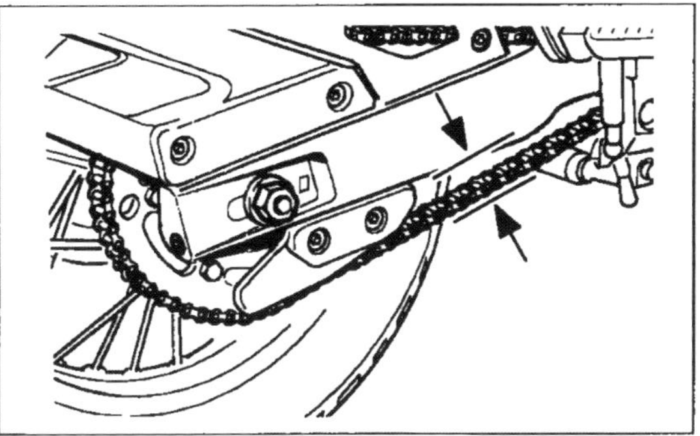

**Bild30**
Antriebsketten-Durchhang
20 bis 30 mm

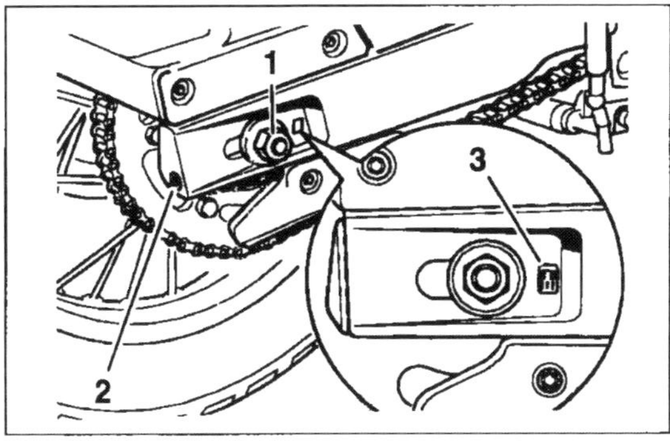


**Bild 31**
Durchhang einstellen
1 Achsmutter
2 Einstellschraube
3 Ausrichtmarke

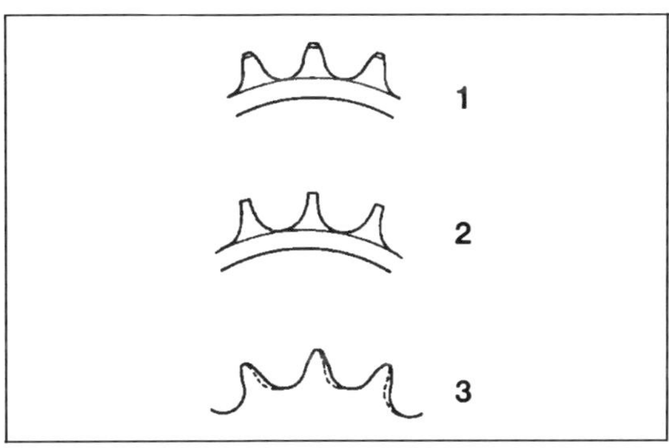


**Bild 32**
Kettenverschleiss
1 Gut
2 Erneuern
3 Erneuern

## 3.12 Bremsflüssigkeit

Mag man einem Motorrad kurzzeitig einen defekten Auspuff oder auch mal ein durchgebranntes Blinkerbirnchen zubilligen – beim Thema Bremsen gibt es keine Kompromisse. Hier muss bei jedem Fahrmeter die hundertprozentige Leistungsfähigkeit sichergestellt sein.
Auf die Wirkung der Bremsanlage von Brembo

kann sich der Motorradfahrer verlassen. Damit das immer so ist, sollten Wartungsarbeiten an der Bremshydraulik nur bei fundierten Vorkenntnissen vorgenommen werden. Beim geringsten Zweifel am eigenen Können ist die Fachwerkstatt die bessere Wahl.

● Am Bremsflüssigkeits-Behälter (vorn an Lenkstange Bild 33; hinten durch Öffnung in rechter Seitenverkleidung) Pegelstand kontrollieren, Behälter muss dabei waagerecht stehen.

● ⚠ Falls sich Pegel «Lower»-Marke nähert, ist dies in erster Linie ein Anzeichen dafür, dass die Belagstärke geschrumpft ist. Deshalb zuerst Belagstärke der Bremsklötze kontrollieren (siehe folgendes Kapitel)!

● Vorn zwei Schrauben ② Bild 33 am Deckel entfernen und Deckel samt Membran abnehmen. Hinten rechte Seitenverkleidung abnehmen, Deckel ① Bild 34 ausdrehen und Membran entnehmen.

● ⚠ Beim Öffnen des Deckels muss Behälter waagerecht stehen, damit keine Bremsflüssigkeit überschwappt, die sich sehr aggressiv verhält und Lack angreift.

● Pegelstand bis zur MAX-Markierung auffüllen. Nur Bremsflüssigkeit der Qualität DOT 4 verwenden!

Da sich Bremsflüssigkeit hygroskopisch verhält, also Wasser anzieht, muss Behälter immer gut verschlossen sein. Keinesfalls dürfen Verunreinigungen, Schmutz oder Wasser in Behälter gelangen.

● Wenn Flüssigkeitsstand rasch absinkt, komplettes System nach Undichtheiten absuchen.

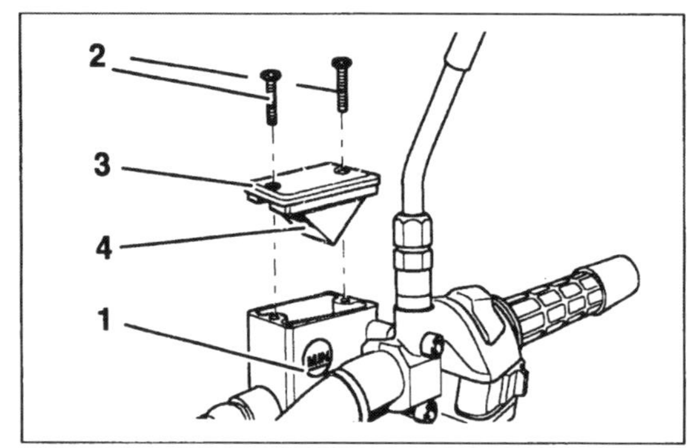


**Bild33**
Bremsflüssigkeit kontrollieren
1 Kontrollfenster
2 Schrauben
3 Deckel
4 Membran

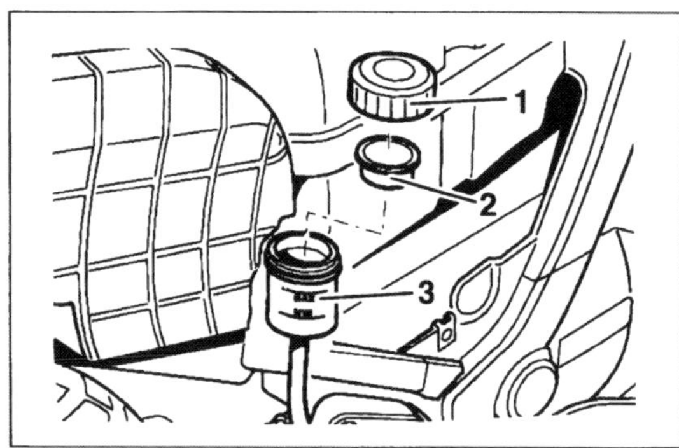


**Bild 34**
Hinterer Bremsflüssigkeitsbehälter
1 Deckel
2 Membran
3 Behälter

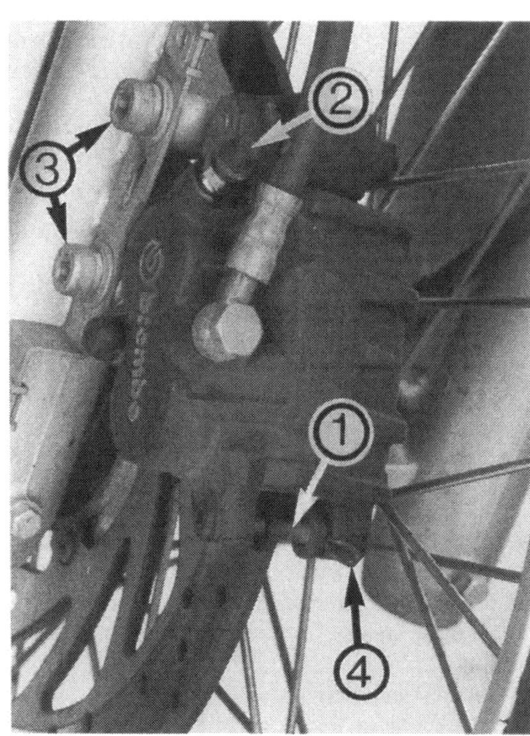


**Bild35**
Bremssattel
(vorn und hinten prinzipgleich)
1 Belagstift
2 Entlüftungsventil
3 Sattelbefestigungsschrauben
4 Federsplint

● ⚠ Einmal jährlich **Bremsflüssigkeit erneuern**.

● Arbeitsgänge sind für vordere und hintere Bremse identisch.

● Deckel des Bremsflüssigkeitsbehälters samt Membran entfernen.

● Staubkappe von Entlüftungsventil ② Bild 35 abnehmen und passenden, durchsichtigen Schlauch, der in Auffanggefäss endet, über Entlüftungsventil stülpen.

● Handhebel anziehen, bis Bremsdruck spürbar. Druck halten.

● Mit Gabelschlüssel Entlüftungsventil um ¼ bis ½ Umdrehung gegen Uhrzeigersinn drehen, d. h. Ventil öffnen.

● Pumpbewegungen am Bremshebel fördern Flüssigkeit zum Auffanggefäss.

Wenn Handhebel ganz durchgezogen ist, Entlüftungsventil wieder anziehen und Handhebel langsam herauslassen.

● TIP Schön langsam pumpen und Hebel zwischendurch immer einige Sekunden in Ruhestellung belassen, um zu gewährleisten, dass sich System luftfrei füllt.

● Währenddessen in Behälter am Lenker zügig Bremsflüssigkeit nachgiessen, damit keine Luftbläschen ins System gelangen können.

● ⚠ Sinkt Pegel unter MIN kann Luft ins System gepumpt werden.

So wird mit neuer Bremsflüssigkeit die alte weggespült.

● Tritt am Entlüftungsschlauch keine Luft bzw. klare, neue Bremsflüssigkeit aus, Bremshebel noch einmal langsam anziehen und gleichzeitig Entlüftungsventil schliessen.

## 3.13 Bremsbeläge

Auch die beste Bremse funktioniert nur mit ordentlichen Belägen. Deshalb ist die regelmässige Kontrolle der Belagstärken so wichtig.

- Kontrolle der Belagstärke durch Sichtprüfung von hinten in Bremssattelschacht vornehmen. Mindestbelagstärke: 1,5 mm (Beläge müssen deutlich sichtbar schräge Verschleissmarkierung aufweisen).

**Bremsbeläge ausbauen**

- Arbeitsgänge sind, soweit ohne besonderen Hinweis, für vordere und hintere Bremse identisch.
- Sicherungssplint des Belagstifts herausziehen und Belagstift mit Durchschlag nach innen herausschlagen.
- Vorn: Bremssattel mit Träger vom Tauchrohr abnehmen (Schrauben ③ Bild 35) und Bremsbeläge aus Sattel nehmen.
- Hinten: Hinterrad ausbauen (Kapitel 15), Bremssattel mit Träger von Hinterradschwinge abnehmen und Beläge herausnehmen.

**Bremsbeläge einbauen**

- Bremsbelagschacht mit Bremsenreiniger reinigen. Bremskolben in Bremssattel mit stumpfen Werkzeug vorsichtig zurückdrücken. Dies, um Platz zu machen für neue dicke Beläge.
- ⚠ Auf keinen Fall mit scharfkantigem Schraubendreher im Bremsbelagschacht herumstochern und Kolbengleitfläche verkratzen!
- Neue Bremsbeläge in Bremssattel einsetzen.
- Belagstift eintreiben und mit Sicherungssplint sichern.
- Bremssattel mit Träger an Tauchrohr bzw. Schwinge anbringen.
- ⚠ Durch Pumpen am Bremshebel Druck im System aufbauen. Erst wenn Druckpunkt deutlich fühlbar ist, ist Bremse betriebsbereit!

## 3.14 Bremspedal schmieren und einstellen

In Notsituationen ist es äusserst wichtig, dass die Bremswirkung sofort ohne Verzögerung eintritt. Dehalb geniesst die gerade bei Notbremsungen wichtige Fussbremse unsere besondere Aufmerksamkeit.

- Rückholfeder am Rahmen aushängen.
- Sicherungsfeder des Kugelkopfs ausklipsen (Bild 36) und Kugelkopf vom Bremspedal abziehen.
- Innensechskantschraube SW 6 Bild 37 ausdrehen. Mutter dabei gegenhalten.
- Bremspedal ausbauen.

**Bild36**
Befestigungsfeder des Kugelgelenks ausfedern

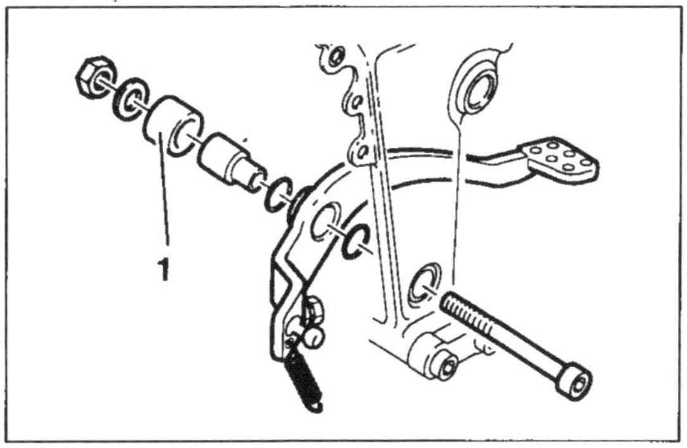

**Bild37**
Bremspedal mit Kettenrolle ①

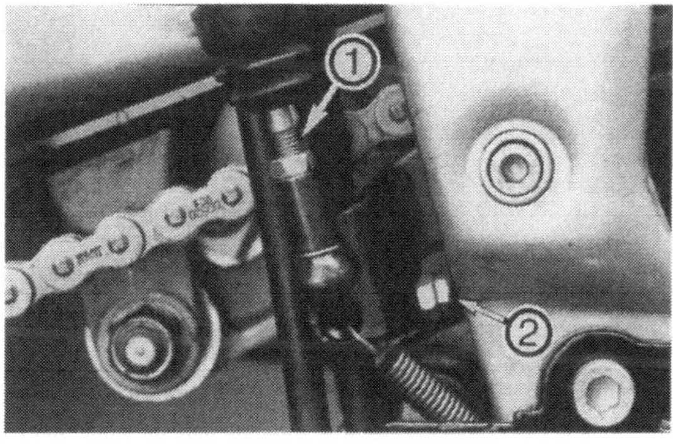


**Bild38**
Pedaleinstellung
1 Einstellspindel mit Gegenmutter
2 Anschlagschraube mit Gegenmutter

- Bremspedal in umgekehrter Reihenfolge frisch gefettet wieder einbauen.

Verschlissene Kettenlaufrolle ① gegebenenfalls ersetzen. Anzugsmoment der Befestigungsschraube 25 Nm.

**Pedallage einstellen**

- Gegenmutter der Einstellschraube ② Bild 38 lockern und Bremspedal mit Einstellschraube so einstellen, dass Pedaltritt auf Höhe der Unterkante des Generatordeckels liegt.
- Mit Fühlerlehrenblatt Abstand zwischen Einstellschraube ② und Rahmen messen. Sollwert 0,6 mm. Fühlerlehrenblatt eingesteckt lassen.
- Gegenmutter der Kolbendruckstange ① lokkern und Kolbendruckstange nachstellen, bis bei Betätigung des Bremspedals leichter Widerstand spürbar wird (Leerweg der Kolbendruckstange 0,5 bis 1,5 mm).
- Gegenmutter festziehen und Fühlerlehrenblatt herausziehen.
- Ansprechverhalten der Bremslichtschalter kann nicht verändert werden.

## 3.15 Teleskopgabel

Die Vorderradfederung der F 650 ist von konventioneller Machart, d. h. ohne Einstellmöglichkeit. Die Ölfüllung alle 20 000 km wechseln.

● Wirkung der Telegabel durch mehrmaliges Einfedern prüfen, wobei sich zeigt, ob Tauchrohre etwa durch verspanntes Einbau an freier Beweglichkeit gehindert sind.

● Wellendichtringe und Staubkappen der Telegabel dürfen keine Undichtheiten zeigen. Sonst defekte Teile erneuern, wie ab Seite 59 beschrieben.

**Gabelöl wechseln**

● Vorderrad entlasten und Luftführung der Vorderradbremse abnehmen (zwei Befestigungsschrauben ausdrehen).

● Obere Gabelverschluss-Schraube ① Bild 39 ausdrehen. Schraube steht unter Federdruck!

● Auffanggefäss unter Ablass-Öffnung stellen und Ablass-Schraube (Bild 40, auf Verbleib der Dichtscheibe achten!) ausdrehen.

● Öl geduldig auslaufen lassen, abschliessend Gabel einige Male einfedern um Restöl auszupumpen.

● Ablass-Schraube mit so gut wie neuer Dichtung gefühlvoll einschrauben (6 Nm).

● Genau gleiche Menge Gabelöl (links und rechts je 0,6 Liter) über Trichter einfüllen.

● Gabelverschluss-Schraube mit O-Ring (beide geölt) eindrehen (25 Nm).

● TIP Nach Befüllen durch Ein- und Ausfedern der Teleskopgabel (5 bis 10 Hübe) Stossdämpfer entlüften, bis volle Dämpferwirkung spürbar.

**Bild39**
Lenkkopf
1 Obere Gabelverschluss-Schraube
2 Klemmschraube obere Gabelbrücke
3 Gegenmutter
4 Einstellmutter
5 Klemmschraube untere Gabelbrücke

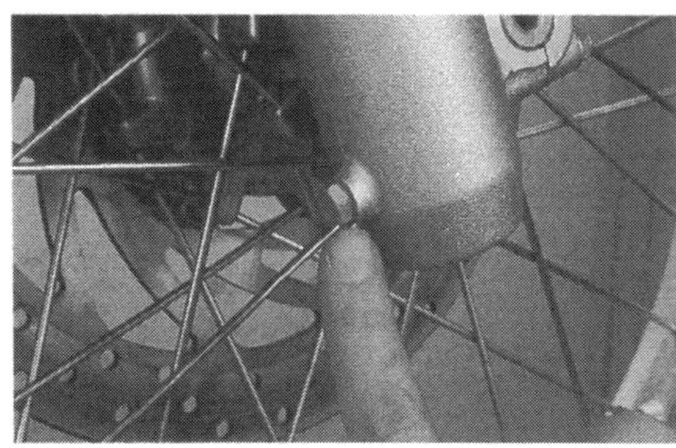

**Bild 40**
Gabelöl-Ablass

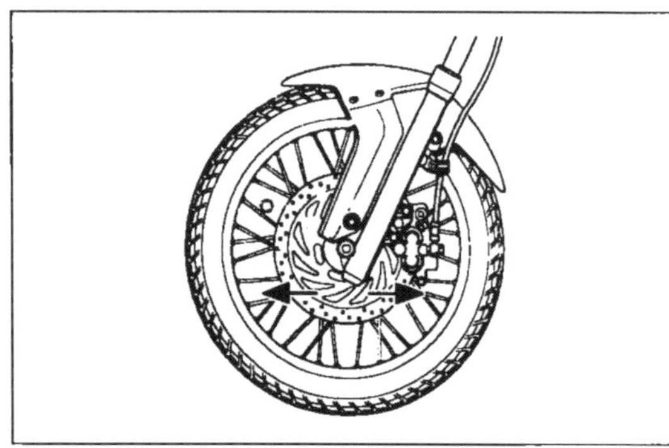

**Bild 41**
Lagerspiel prüfen

## 3.16 Lenkkopflager

Wenn das Motorrad in langgezogenen Kurven plötzlich nicht mehr den gewohnt sauberen Strich ziehen will, und wenn es beim kurzen Antippen der Vorderradbremse verdächtig im Lenker knackt, dann hat das Lenkkopflager zuviel Spiel.

● TIP Zu lose eingestelltes Lager verursacht Flattern bei höheren Geschwindigkeiten.

● TIP Zu stramm angezogenes Lager verursacht Fahrzeugpendeln bei niederen Geschwindigkeiten.

● Zum Prüfen des Lagers Maschine auf Hauptständer stellen und so untermauern, dass Vorderrad freikommt.

● Gabelstandrohre in Fahrtrichtung (Pfeile in Bild 41) bewegen. Bei spürbarem Spiel, Lenklager einstellen.

● Falls sich Lenker ungleich bewegt, schleift, oder Vertikalspiel aufweist, Lager nachstellen. Darauf achten, dass Seilzüge oder Kabelstränge Lenkereinschlag nicht behindern.

● ⚠ Rastet Lenker in Mittelstellung ein → Lenkkopflager defekt, Lager ersetzen (Kapitel 14).

**Lenklager einstellen**

● Vorderrad entlasten.

● Klemmschrauben ② Bild 39 der oberen Ga-

belbrücke lockern.
● Gegenmutter ③ lockern und Nutmutter ④ mit Hakenschlüssel leicht festziehen bis Lenklager spielfrei ist.
●⚠ Lenker muss aus Mittellage leicht nach links und rechts fallen (Motorrad aufgebockt).
●⚠ Auf Freigängigkeit der Lenkung achten (Kabel, Bowdenzüge)!
● Gegenmutter ③ (40 Nm) und Klemmschrauben ② (25 Nm) festziehen.
● Lenklagerspiel noch einmal kontrollieren, gegebenenfalls erneut nachstellen.

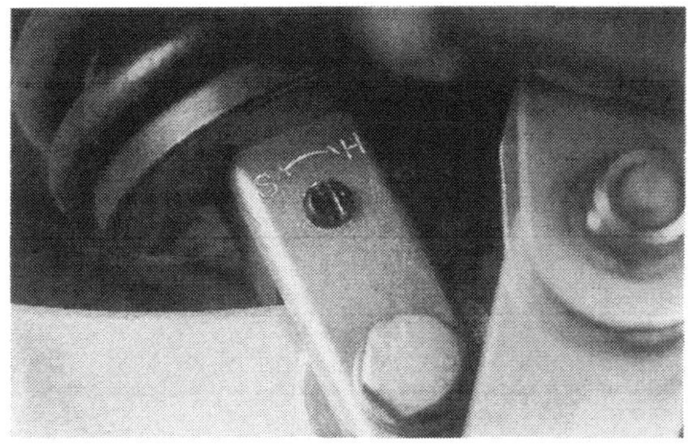

**Bild42**
Dämpfungs-Einsteller (Zugstufe)

## 3.17 Schwinge und Federbein

Die Hinterhand des BMW-Eintopfs wird über ein zentrales Federbein abgefedert, dessen Federbasis per Handrad ⑥ (Bild 1) und die Dämpfung der Zugstufe (Ausfedern; Bild 42) stufenlos einstellbar ist.
● Wirkung des Federbeins durch mehrmaliges Einfedern prüfen.
● Alle Schraubverbindungen auf Festsitz prüfen. Anzugsmomente siehe Seite 78 und Bild 165, Seite 64.

## 3.18 Batterie

Wie die meisten Motorräder verfügt auch die F 650 über einen E-Starter. Komfort, an den sich auch Puristen gern gewöhnen. Deshalb muss die Batterie immer optimal in Schuss sein, um auch bei kalter Witterung ausreichend Energie liefern zu können.
● Sitzbank und rechte Seitenverkleidung abnehmen.
● Batterie-Flüssigkeitsstand muss zwischen oberer und unterer Pegelmarkierung (UPPER LEVEL und LOWER LEVEL) liegen.
● Bei zu niedrigem Stand **Batterie ausbauen:**
●⚠ Zuerst negatives Batteriekabel ① Bild 43 (Minuspol) abklemmen, danach Pluskabel ② entfernen.
● Batterie-Haltebügel ③ nach Ausdrehen der Befestigungsschraube lösen.
● Entlüftungsschlauch ④ abziehen und Batterie herausnehmen.
● Zellenstopfen entfernen. Falls Batterie anschliessend geladen werden soll, destilliertes Wasser bis LOWER LEVEL nachfüllen, sonst bis UPPER LEVEL.
● Batterie wechseln, wenn sich am Batterieboden grünlicher Belag bildet oder Ablagerungen

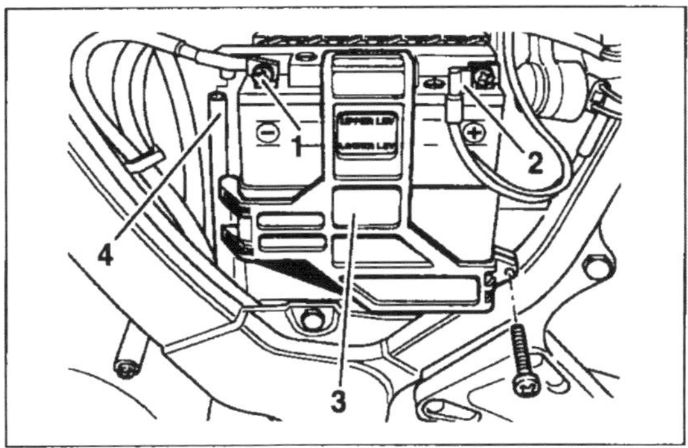


**Bild43**
Batterie ausbauen
1 Minuspol
2 Pluspol
3 Bügel
4 Schlauch

ansammeln.
● Säurestand alle 3 Monate prüfen.
●⚠ In südlichen Ländern mit höheren Umgebungstemperaturen wegen erhöhter Verdunstung öfter kontrollieren.
●⚠ Batterie-Elektrolyt enthält Schwefelsäure! Deshalb die Flüssigkeit nicht mit Kleidung in Berührung bringen. Falls Flüssigkeit in die Augen gerät, sofort gründlich mit Wasser spülen und unverzüglich Augenarzt aufsuchen!
● Batterie in umgekehrter Reihenfolge wieder montieren.
●⚠ Beim Einbau zuerst Pluskabel anschliessen, danach Massekabel.

### 3.18.1 Batterie laden

●⚠ Vor Laden Batterie-Flüssigkeit bis LOWER LEVEL auffüllen.
●⚠ Maximaler Ladestrom darf 10% der Ladekapazität nicht überschreiten. Beispiel 25 Ah-Batterie: Ladestrom max. 2,5 Ampere; Ladezeit: 5 bis 10 Stunden.
● Ladezustand der Batterie mit Säureheber prüfen; Säuredichte bei vollgeladener Batterie: 1,26 bis 1,30 g/ml bezogen auf 20° C.
● Nach Laden Batterie leicht schütteln, damit Gasbläschen aufsteigen.
● Nach Beruhigung der Flüssigkeit evtl. destilliertes Wasser bis UPPER LEVEL auffüllen.
● Verschluss-Stopfen anbringen.

**Inbetriebnahme von neuer Batterie**
● Nach Befüllen Batterie ca. eine Stunde stehen lassen, Batterie leicht schütteln und Flüssigkeit

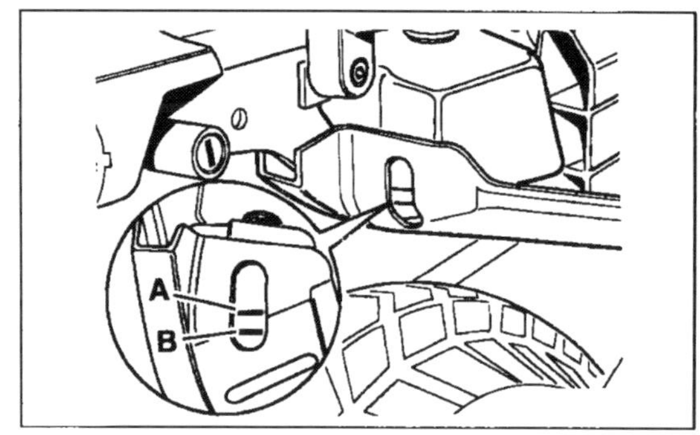


**Bild 44**
Kühlmittel-Ausgleichsbehälter
A MAX
B MIN

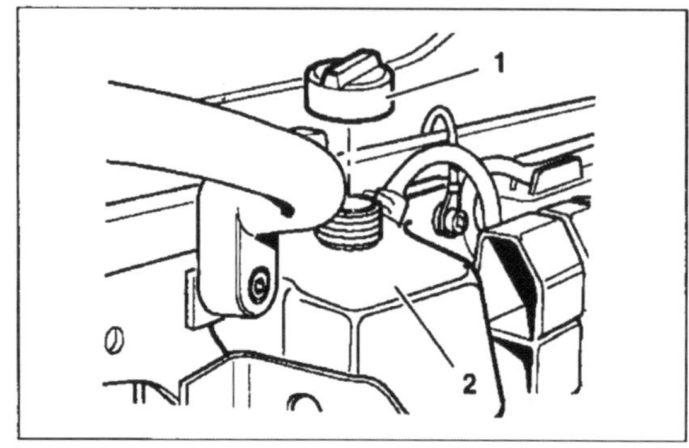


**Bild 45**
Deckel ① des Ausgleichsbehälters ②

**Bild 46**
Kühlmittel ablassen

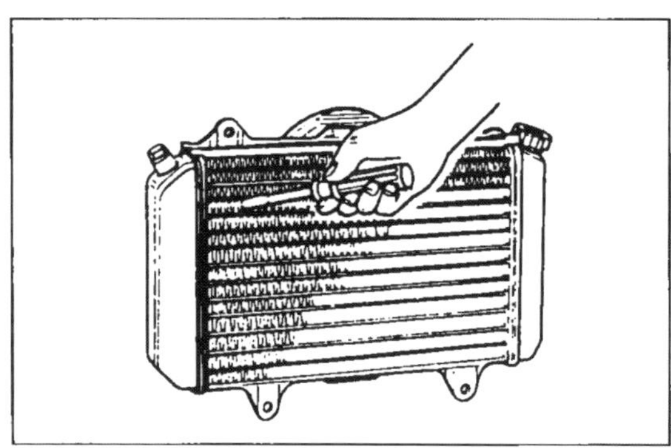

**Bild 47**
Lamellen geraderichten

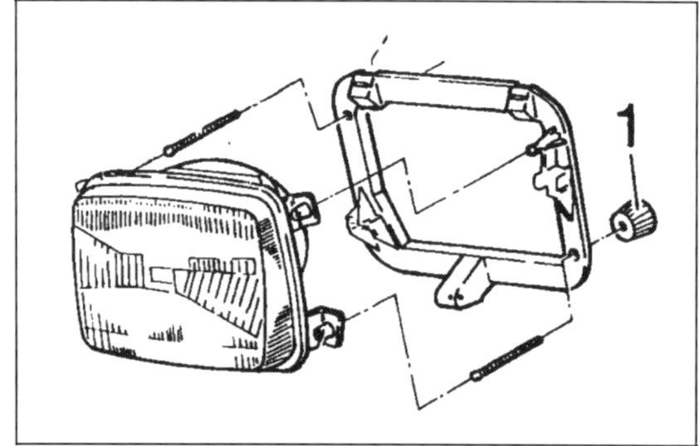


**Bild 48**
Scheinwerfereinsteller ①

bis UPPER LEVEL auffüllen.

●⚠ Nach Befüllen der trocken vorgeladenen Batterie mit Säure erreicht sie nur 60% der Nennkapazität. Batterie also unbedingt laden! Lange Standzeiten gefüllter Batterien vermeiden. Batterie erst kurz vor Bedarf mit Säure befüllen.

## 3.19 Kühlflüssigkeit

Alle 10 000 Kilometer wird der Kühlmittelstand kontrolliert, und einmal im Jahr erneuert. Ein Pflege- und Wartungsaufwand, der durchaus erfreulich ist, aber auch zu Nachlässigkeit verführt.

● **Prüfung des Kühlmittelstands** bei **kaltem** Motor durchführen.

● Bei senkrecht stehender Maschine durch Öffnung im Hinterrad-Kotflügel Flüssigkeitsstand kontrollieren (Bild 44). Pegel muss zwischen «A» (Maximalstand) und «B» (Minimalstand) liegen.

● Zum **Ergänzen der Kühlflüssigkeit** Sitzbank und rechte Seitenverkleidung abbauen.

● Verschlussdeckel ① des Ausgleichsbehälters ② Bild 45 abnehmen und Gemisch aus mineralarmem Trinkwasser oder destilliertem Wasser und Frostschutzmittel im Verhältnis 1:1 oder handelsübliche Kühlflüssigkeit für Aluminiummotoren und -Kühler bis Maximalstand auffüllen.

● Verschluss zuschrauben.

### Kühlflüssigkeitswechsel

●⚠ Kühlerverschlussdeckel niemals bei warmem Motor abnehmen. Deckel steht unter Druck. Verbrüh-Gefahr durch heisses Kühlmittel!

● Rechte Seitenverkleidung abbauen.

● Auffanggefäss unter Kühlmittelpumpe stellen und Ablass-Schraube (Bild 46) ausdrehen.

● Ablauf der Kühlflüssigkeit durch gefühlvolles Öffnen des Einfüllstutzens ⑥ Bild 2 regulieren.

● Ablass-Schraube mit so gut wie neuer Dichtung eindrehen (10 Nm).

### Kühlflüssigkeit-Zusammensetzung

Destilliertes Wasser 50%
Frostschutzmittel 50%
Frostschutz bis −25°C

● 1,2 Liter Kühlflüssigkeit am Kühler-Einfüllstutzen einfüllen.

● Bei laufendem Motor Kühlflüssigkeit auffüllen, bis Flüssigkeitspegel nicht mehr absinkt.

### 3.19.1 Kühlsystem

Wie der Kühlerflüssigkeitsstand, wird auch das

Kühlsystem selbst regelmässig inspiziert.

● Luftdurchlässe des Kühlers auf Verstopfung und Kühlerlamellen auf Verbiegung überprüfen.

● Verbogene Lamellen und eingedrückte Wasserrohre geraderichten (Bild 47).

● Insekten, Schlamm oder sonstige Fremdkörper mit Druckluft oder schwachem Wasserstrahl entfernen.

● Kühler auswechseln, falls Luftdurchströmung über mehr als 30 Prozent der Kühlerfläche behindert ist.

● Wasserschläuche auf Risse oder Brüchigkeit überprüfen, gegebenenfalls auswechseln.

● Festsitz aller Schlauchklemmen prüfen.

## 3.20 Scheinwerfereinstellung

● Motorrad mit korrektem Reifenluftdruck, Federbeineinstellung auf Solobetrieb und mit Fahrer belastet in Abstand von 5 m (ab Vorderradmitte) vor einer hellen Wand auf ebenen Boden aufstellen.

● Abstand vom Boden bis zur Scheinwerfermitte auf Wand übertragen und mit Kreuz markieren.

● 5 cm unter diesem Kreuz zweites Kreuz zeichnen. Abblendlicht einschalten. Scheinwerfer mittels Stellmechanismus (Bild 48) so einstellen, dass in der Mitte des unteren Kreuzes die «Hell-Dunkel-Grenze» beginnt, bis zur Höhe des oberen Kreuzes nach rechts ansteigt und dann wieder abfällt (Bild 49).

## 3.21 Haupt- und Seitenständer

● Federn auf Beschädigung und Ermüdung untersuchen.

● Seitenständer muss mit leichtem Schwung zurückklappen.

● Schmiernippel mit Fettpresse abschmieren.

## 3.22 Muttern, Schrauben und Befestigungsteile

Im Lauf der Zeit kann es vorkommen, dass sich Muttern, Schrauben oder Befestigungsteile am Motorrad durch feine Vibrationen lösen.

● Deshalb im Rahmen einer Inspektion alle Fahrgestellmuttern und -schrauben kontrollieren. Sie müssen mit den vorgeschriebenen Drehmomentwerten angezogen sein.

## 3.23 Räder und Reifen

● Reifen dürfen keine Risse oder sonstige Beschädigungen aufweisen. Reifenluftdruck bei kalten Reifen messen, siehe Technische Daten, Seite 74.

● Räder auf Schlag prüfen, siehe Seite 60.

● Reifen erneuern, wenn Profiltiefe vorn nur noch 1,5 mm und hinten 2,0 mm beträgt.

● Reifen dürfen keine Risse oder sonstige Beschädigungen aufweisen.

● ⚠ Beim gegebenen komplexen Fahrverhalten eines zweirädrigen Einspurfahrzeugs ist es ratsam, grössere Wartungsmassnahmen an den schönen Drahtspeichenrädern nur einen Fachbetrieb oder BMW-Werkstatt durchführen zu lassen. Eine einfache Kontrolle, wann das nötig ist, wird folgendermassen durchgeführt:

● Klangprobe: Speichen einzeln zum Klingen bringen, indem sie mit Schraubendreher leicht angeschlagen werden.

● Speichen abweichender Tonhöhe werden entsprechend markiert (hoch/tief).

● Ergibt sich eindeutiges «Klangbild», d. h. hohe Speiche liegt tiefer Speiche gegenüber, kann mit aller zu Gebote stehenden Feinfühligkeit am Speichennippel (hoher Ton: lockern – tiefer Ton: anziehen), korrigiert werden.

Beim geringsten Zweifel an den eigenen Fähigkeiten: siehe oben.

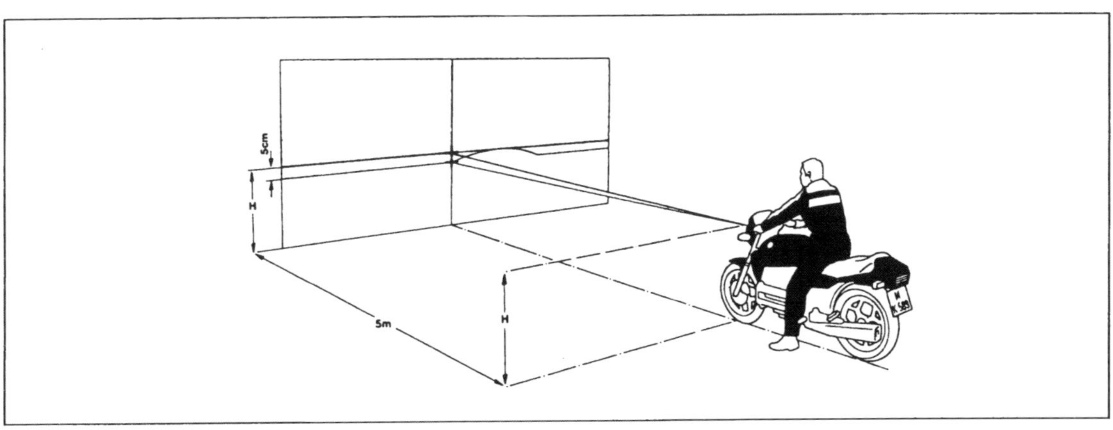


**Bild 49**
Scheinwerfereinstellung

# Baugruppen

## Ausbau

Wie in Kapitel 3 gesehen, lassen sich alle routinemässigen Wartungsarbeiten an der F 650 bei eingebautem Motor erledigen, und auch die Prüfung einzelner Baugruppen (z. B. Generatorleistung) setzt einen funktionstüchtigen Motor voraus.
Falls eine Totaldemontage ansteht, empfiehlt es sich, vor Motorausbau die Baugruppen Kupplung / Primärtrieb und Generator-Rotor zu demontieren.
Das senkt zwar kaum das Gewicht des Rumpfmotors, und ein zweiter Mann wird beim Herausheben des Motors auf jeden Fall benötigt, erleichtert jedoch die Arbeit an genannten Baueinheiten, da zum Lösen der einen oder anderen Schraubverbindung ein mittels Hinterradbremse blockierter Motor ganz nützlich ist.

## Prüfen und Vermessen

Die ganze Arbeit des Zerlegens nützt wenig, wenn die Teile nur nach augenscheinlicher Begutachtung wieder zusammengebaut werden. Leider aber stösst der Privatmann beim Vermessen schnell an seine Grenzen, denn mit Mess-Schieber und Haarlineal allein ist es nicht getan. Nicht viele haben ihre private Werkstatt mit Messuhr, Messdornen oder Mikrometern in verschiedenen Weiten ausgerüstet, und es muss jeder für sich entscheiden, ob sich die Anschaffung dieser teuren Geräte lohnt.
Ganz spezielle Utensilien sind aber auch für Leute mit normalem Geldbeutel erschwinglich, zum Beispiel «Plastigage», ein feiner Kunststoffstreifen, mit dem das Spiel in geteilten Gleitlagern (Nockenwellenlager der F 650) gemessen werden kann.
Richtiges Messen will gelernt sein. Deshalb vertraut der Unerfahrene diese wichtige Arbeit der Werkstatt an.

## Montage

Wenn die Maschine dann mit ihren Einzelteilen in Kisten, Kästen und Schubladen in der Werkstatt liegt und auf die Wiedererstehung wartet, geht der vorausschauende Hobbymechaniker noch einmal in sich:
Liegt das passende Werkzeug bereit? Sind die benötigten Ersatz- und Verschleissteile vollzählig besorgt? Sind alle Teile korrekt vermessen und auf Verschleiss geprüft worden?
Solange das Motorrad noch zerlegt herumliegt, ruhig nochmal ins Gewissen reden, denn jetzt lassen sich die Teile am einfachsten auswechseln. Also alles noch kritischer als sonst begutachten!
Wenn zum Beispiel ein Getriebezahnrad leichte Pitting-Bildung an den Zahnflanken aufweist, würde es bestimmt nochmal 10 000 Kilometer schadlos seine Arbeit verrichten. Aber dann zerbröselt es garantiert während der Urlaubsfahrt in Sizilien. Ein neues Zahnrad kostet nicht die Welt, teuer wird erst der Einbau.
Wenn wirklich alles bereit liegt, kann die Schrauberei beginnen, damit Stunden später ein neuwertiges Motorrad aus der Werkstatt rollt.

# 4 Vergaser

## 4.1 Ausbau

- Linker und rechter Vergaser sind baugleich – Montageanweisungen gelten gleichermassen für beide Vergaser.
- Sitzbank, linke und rechte Seitenverkleidung und Motorblende abbauen.
- Batterie ausbauen (Kapitel 3.18).
- Befestigungsschrauben ① Bild 50 ausdrehen und Batterieträger ausbauen.
- Starterrelais neben Batterie von Halter abziehen.
- Schalldämpfer ausbauen: Schelle des Dämpfers ② Bild 51 lockern. Auf Verbleib des Unterlegblechs ③ achten.
- Schalldämpferbefestigung ① Bild 52 ausdrehen und Dämpfer vorsichtig herausziehen.
- Bremsflüssigkeitsbehälter vom Luftfilterkasten abnehmen (Bild 53).
- Befestigungsschraube ① Bild 54 unter Hinterrad-Kotflügel ausdrehen.
- Befestigungsschrauben des Luftfilterkastens (Bild 55) ausdrehen. Ablaufschläuche unten am Luftfilterkasten abziehen.
- Überlaufschlauch des Kühlmittel-Ausgleichsbehälters ② Bild 56 nach oben herausziehen.
- Überlaufschlauch vom Kühler ③ zum Ausgleichsbehälter etwas abziehen.
- Schlauchschellen ④ Bild 57 lockern und Luftfilterkasten seitlich herausziehen. Eventuell auch obere Kettenführungsrolle innen am Rahmen abbauen.
- Kraftstoffschlauch vom Hahn am Tank abnehmen.
- Schlauchschellen ⑤ Bild 58 am Ansaugstutzen lockern und Vergaser nach hinten abziehen.
- Seilzughülle des Gasseilzugs aus Widerlager führen, dann Nippel aus Aufnahmen aushängen.
- Überwurfmutter des Chokeseilzugs ausdrehen und Seilzug samt Chokekolben abnehmen.
- Sprit aus Schwimmerkammern ablassen: geeignetes Auffanggefäss unter Schwimmerkammer-Ablass bereithalten und Kraftstoff nach Aufdrehen der Ablass-Schraube ablassen (Bild 59).
- TIP Vergaser können zerlegt werden, ohne sie zu trennen.
- Zwei Kreuzschlitzschrauben ausdrehen (Bild 60) und Unterdruckdeckel abnehmen.

**Bild 50**
Befestigungsschrauben des Batteriehalters ①

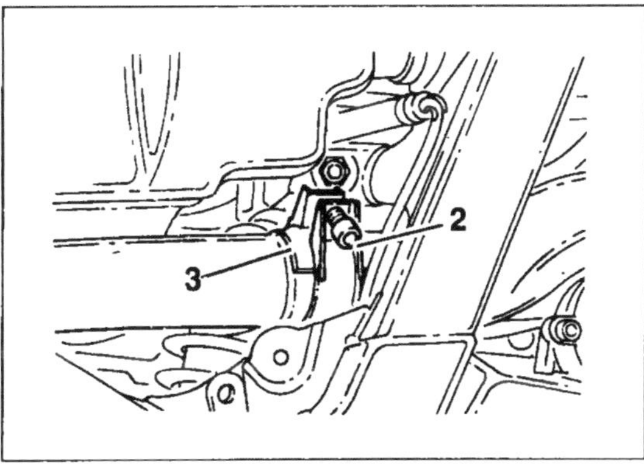


**Bild 51**
Dämpferbefestigung mit Schraube ② und Unterlegblech ③

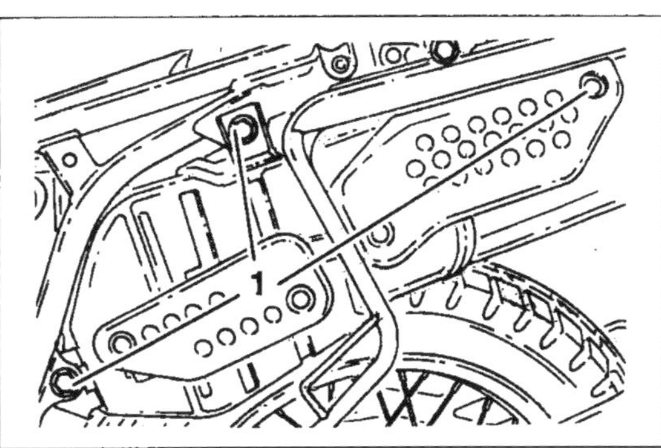


**Bild 52**
Dämpferbefestigungsschrauben ①

**Bild 53**
Bremsflüssigkeitsbehälter lösen

● Feder und Membran samt Kolben entnehmen.
● Düsennadel aus Kolben ausdrücken/schütteln.
● Zwei Befestigungsschrauben des Schwimmerkammer-Deckels ausdrehen (Bild 61) und Deckel abnehmen.
● Schwimmergestell samt Nadelventil abnehmen.
Ventilsitz ⑨ Bild 63 mit Rundzängchen herausziehen.
● Hauptdüse ③ und Leerlaufdüse ② Bild 62 ausdrehen.
● Leerlaufgemisch-Einstellschraube ① nicht verstellen: Schraube vorsichtig im Uhrzeigersinn eindrehen, bis sie leicht aufsitzt und Anzahl der Umdrehungen notieren; dann Schraube ausdrehen.
●⚠ Schraube nicht gegen Sitz anziehen, da dieser sonst beschädigt wird.
● Mischrohr ③ Bild 63 von Hand nach innen ausdrücken und Schieberführung ② entnehmen.

## 4.2 Prüfen und Vermessen

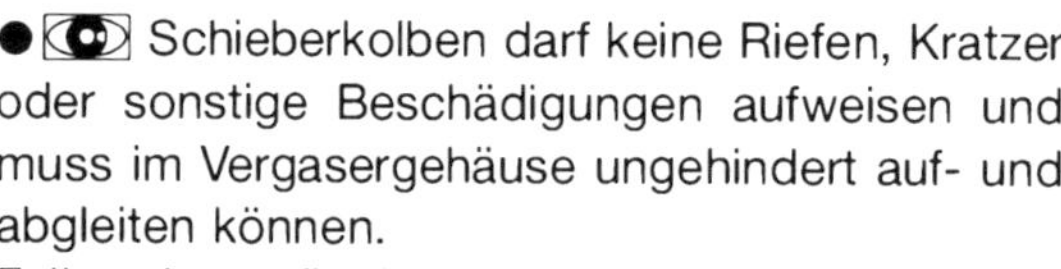

● Schieberkolben darf keine Riefen, Kratzer oder sonstige Beschädigungen aufweisen und muss im Vergasergehäuse ungehindert auf- und abgleiten können.
Falls schwergängig: erneuern.
● Düsennadel darf keine Verbiegung oder sonstige Beschädigungen aufweisen.
● Düsennadel und Nadeldüse dürfen keine

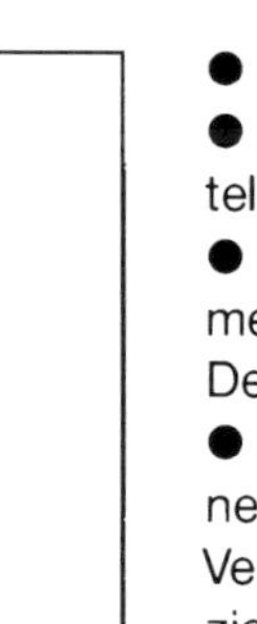


**Bild 54**
Luftfilterkasten-Befestigungsschraube ①

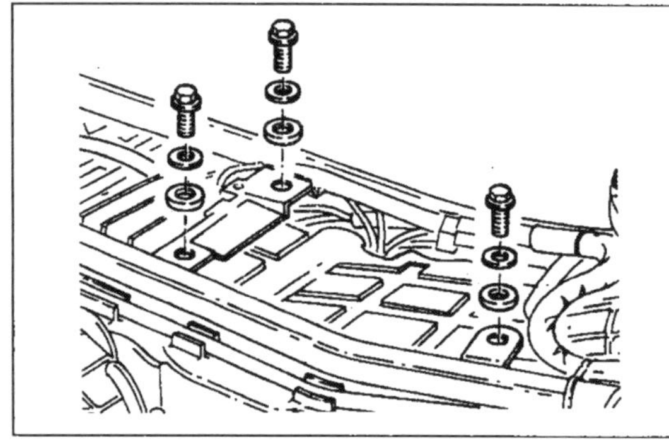

**Bild 55**
Drei Befestigungsschrauben oben ausdrehen

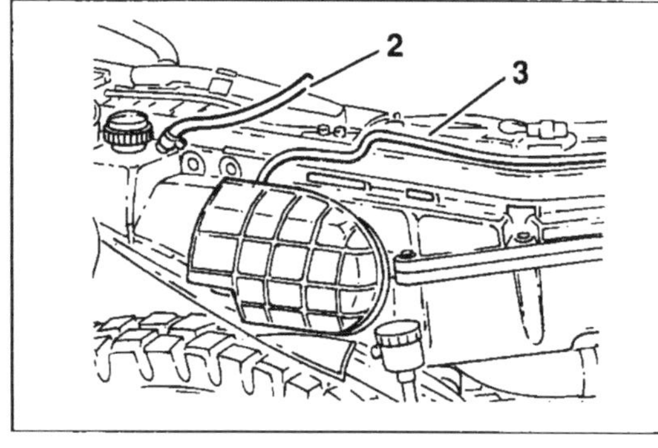


**Bild 56**
Ausgleichsbehälter-Überlaufschlauch ② und Kühler-Überlaufschlauch ③

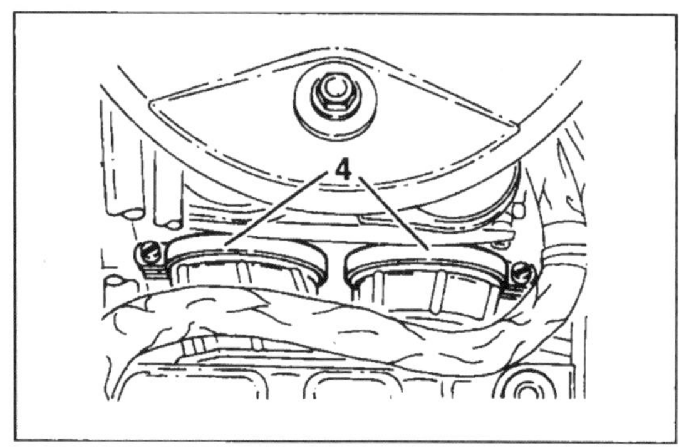
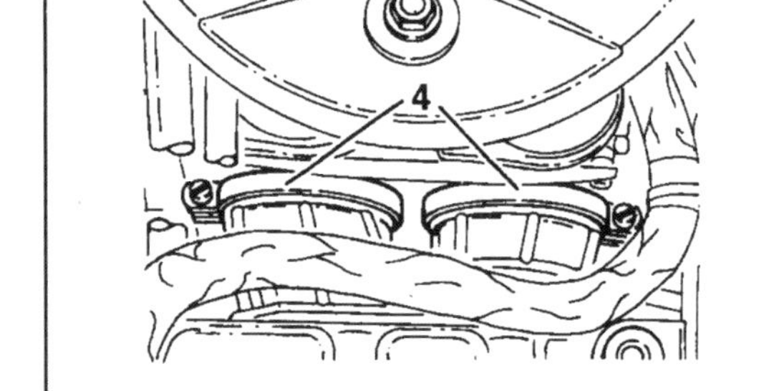


**Bild 57**
Schlauchschellen ④ am Luftfiltergehäuse

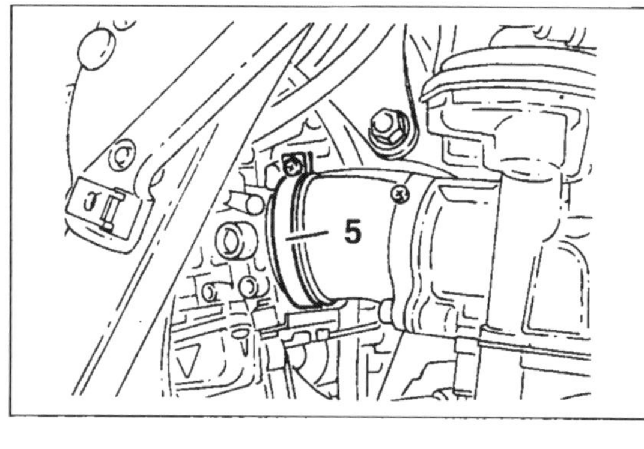


**Bild58 ▶**
Schlauchschellen ⑤ am Ansaugstutzen

**Bild59**
Schwimmerkammer-Ablass

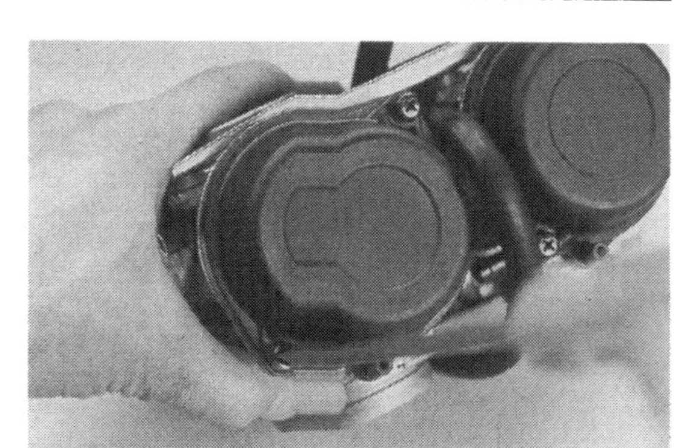

**Bild60 ▶**
Unterdruckkammer-Deckel abnehmen

Anlaufstellen aufweisen, andernfalls Nadel und Düse wechseln.

- ● Membran von Schieberkolben darf keine porösen Stellen oder Risse aufweisen (gegen starke Lichtquelle halten). Falls defekt: austauschen.
- ● Schwimmer auf Verformungen oder Kraftstoff im Inneren untersuchen.
- ● Gemischregulierschraube auf Beschädigungen untersuchen.
- ● Schwimmerventilkegel ⑦ Bild 63 auf Beschädigung und Kerben im Ventilkegel untersuchen (Bild 64).
- ● ⚠ Sämtliche Düsen und Kanäle mit Druckluft durchblasen, keinesfalls mit Nadel oder Draht reinigen!
- ● Drosselklappenwelle bei ausgehängter Rückholfeder auf spielfreie Lagerung im Vergasergehäuse kontrollieren.

**Bild 61**
Schwimmerkammerdeckel abnehmen

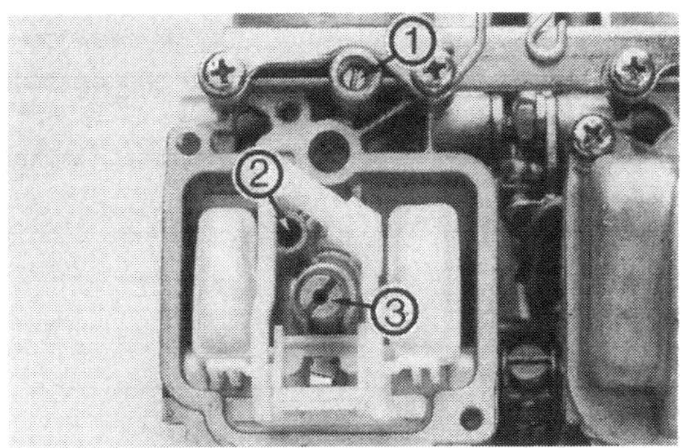


**Bild 62**
Schwimmerkammer von unten
1 Leerlaufgemisch-Einstellschraube
2 Leerlaufdüse
3 Hauptdüse

## 4.3 Montage

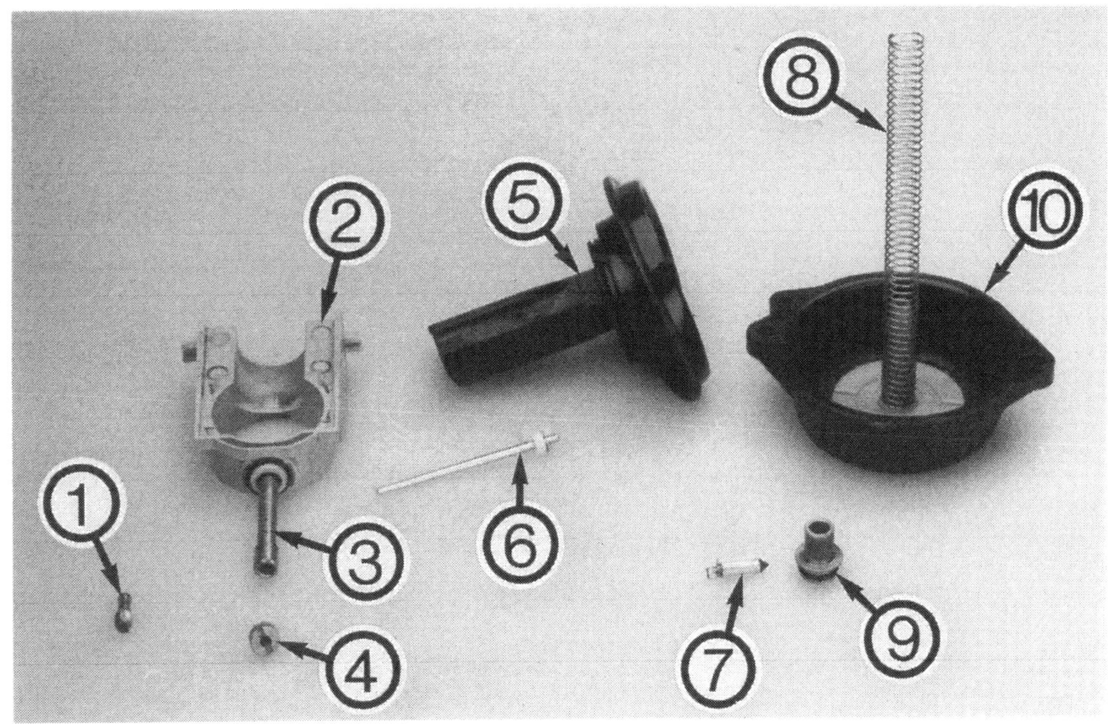


**Bild 63**
Vergaser-Einzelteile
1 Leerlaufdüse
2 Schieberführung
3 Nadeldüse/Mischrohr
4 Hauptdüse
5 Kolben mit Membran
7 Schwimmer-Ventilkegel
8 Feder
9 Schwimmer-Ventilsitz
10 Unterdruckkammer-Deckel

- ● Vor Einbau der Düsen sämtliche Durchlässe und Bohrungen mit Druckluft freiblasen.
- ● Mischrohr ③ Bild 63 mit Schieberführung ② von oben in Gehäuse eindrücken. Dabei Mischrohr so einsetzen, dass Nut mit Fixierstift im Düsengehäuse fluchtet.
- ● Leerlauf- und Hauptdüse einschrauben.
- ● Schwimmerventilsitz mit leicht geöltem O-Ring eindrücken.
- ● Schwimmergestell mit Ventilkegel ⑦ einsetzen.

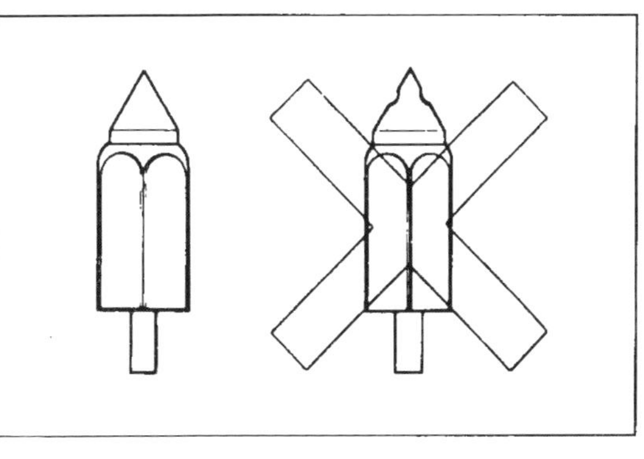

**Bild 64**
Schwimmerventilkegel

- Schwimmerkammer-Deckel mit leicht geöltem Dichtgummi befestigen (Bild 61).
- Leerlaufgemisch-Einstellschraube ① Bild 62 leicht bis zum Aufsitzen eindrehen und dann um die beim Ausbau notierte Anzahl von Umdrehungen herausdrehen. Schraube nicht gegen Sitz anziehen!
- Grundstellung der Leerlaufgemisch-Einstellschraube: Nach Aufsitzen 4,5 Umdrehungen herausdrehen.
- Düsennadel mit Scheibe und Feder in Unterdruckkolben einsetzen.
- Unterdruckkolben in Vergasergehäuse einsetzen. Darauf achten, dass Membran sauber zum Sitzen kommt.
- Feder einsetzen und Deckel aufsetzen. Deckel von Hand aufdrücken und befestigen (zwei Kreuzschlitzschrauben; Bild 60).
- Kolben auf freie Beweglichkeit kontrollieren (mit Finger hochdrücken und zuschnappen lassen → Schieber muss leicht gedämpft und saugend schliessen).
- Drosselklappenbetätigung durch Drehen der Seilzugaufnahme auf Schwergängigkeit prüfen.
- Chokekolben mit Feder am Seilzugnippel anbringen und mit Überwurfmutter in Gehäuse eindrehen. Gasseilzug einhängen.
- Vergasereinbau in umgekehrter Reihenfolge des Ausbaus (Bilder 51 bis 58). Schalldämpfer mit neuer Dichtung anbringen.
- Seilzugspiel und Leerlaufdrehzahl kontrollieren (Kapitel 3.9).

# 5 Starter

## 5.1 Ausbau

● ⚠ Bei ausgeschalteter Zündung zuerst Masse-Kabel der Batterie abklemmen, bevor Arbeiten am Starter vorgenommen werden.
● Plus-Kabel von Starter trennen, zwei Befestigungsschrauben herausdrehen und Starter herausziehen (Bild 65).
● Zwei Gehäuseschrauben ausdrehen, Rück- und Frontdeckel abnehmen.
● Anker vorsichtig herausführen. Anzahl und Lage der Beilagscheiben notieren.
● Bürstenfedern aushebeln und Kohlebürsten aus ihren Führungen herausführen.

**Bild65**
Starter vor Zylinder

## 5.2 Prüfen und Vermessen

● Profil- und O-Ringe des Starters auf Beschädigung überprüfen.
● Lager auf Festsitz im Gehäuse/Welle, Seiten- und Höhenspiel prüfen (Fingerprobe). Gegebenenfalls aus Gehäuse bzw. Welle ohne zu verkanten herausschlagen/abziehen und erneuern.
● Es darf kein Stromdurchgang zwischen Kabelanschluss und Gehäuse bestehen. Stromdurchgang zur Minusbürste ist normal.
● Kollektorlamellen dürfen keine Verfärbungen aufweisen; paarweise verfärbt deuten sie auf geerdete Ankerwicklungen hin.
● Stromdurchgang zwischen einzelnen Kollektorlamellen ist normal, bei Stromdurchgang zwischen Kollektorlamelle und Ankerwelle Anker auswechseln.
● Spalttiefe zwischen einzelnen Kollektorlamellen (Glimmerunterschneidung Bild 66) muss mindestens 0,5 mm tief sein. Gegegebenenfalls mit Metallsägenblatt tiefer bringen. Anschliessend mit 600er Schmirgelleinen abziehen.
● Zur Prüfung des **Startmagnetschalters** (Bild 67) müssen, wie zu allen anderen aussagefähigen Messungen des Elektrik-Systems auch, die Stecker auf Wackelkontakte oder korrodierte Kontaktstifte untersucht werden.
● Stecker (Kabelfarbe: rot/weiss und blau/

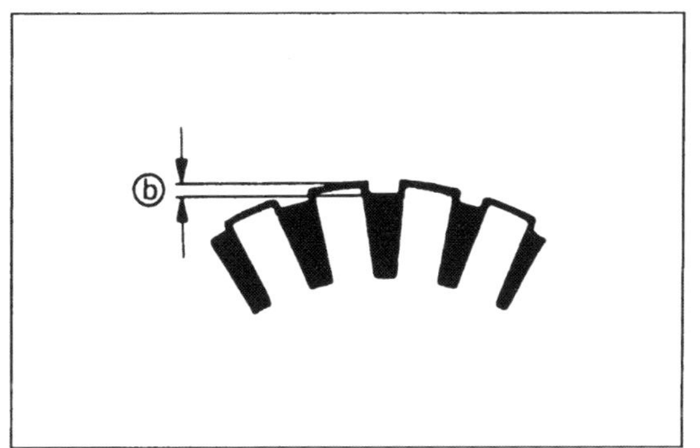


**Bild 66**
Glimmerunterschneidung «b»

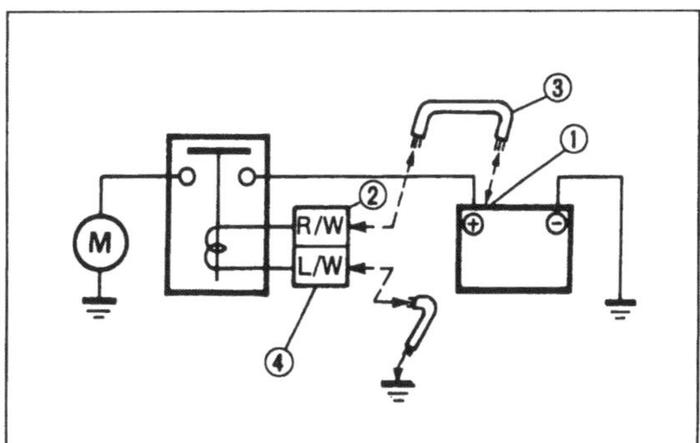


**Bild67**
Starterrelais-Test
1 Batterie
2 Kabelfarbe rot/weiss
3 Überbrückungskabel
4 Kabelfarbe blau/weiss

**Bild 67a**
Stecker überbrücken

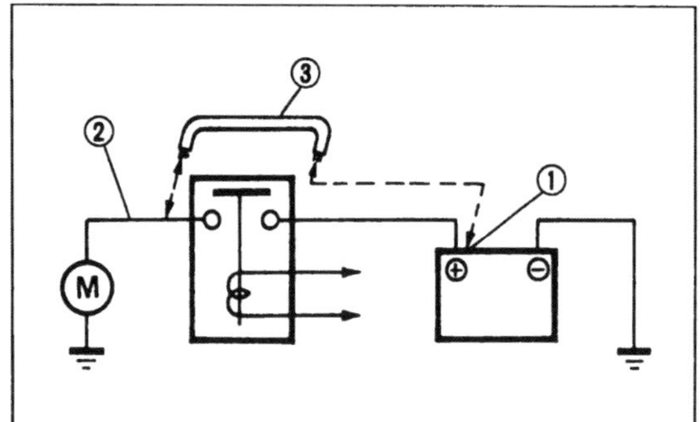


**Bild 68**
Startertest
1 Batterie
2 Startermotorkabel
3 Überbrückungskabel

weiss) vom Relais trennen und gemäss Bild 67a überbrücken. Falls Starter arbeitet, ist Starterschalter, Leerlaufschalter oder Seitenständerschalter defekt. Falls Starter nicht arbeitet, ist Relais defekt.
Falls Starter nicht arbeitet:
● Pluskabel des Starters mit Überbrückungskabel (mit entprechendem Querschnitt – hohe Stromstärke!) direkt an Batterie-Pluspol legen (Bild 68): Starter muss arbeiten.

## 5.3 Montage

● Anker mit der bei Demontage notierten Anzahl von Beilagscheiben versehen und in Gehäuse einführen.
● Bürstenhalterplatte einsetzen. Dabei Nase der Platte auf Gehäusekerbe ausrichten.
● Deckel mit geöltem O-Ring aufsetzen.
● Zwei Gehäuseschrauben anbringen (flüssige Schraubensicherung beigeben) und Starter (O-Ring geölt) an Motorgehäuse anbringen.
● Starter-Befestigungsschrauben mit flüssiger Schraubensicherung anbringen (Bild 65; 10 Nm).
● Pluskabel am Starter anbringen.

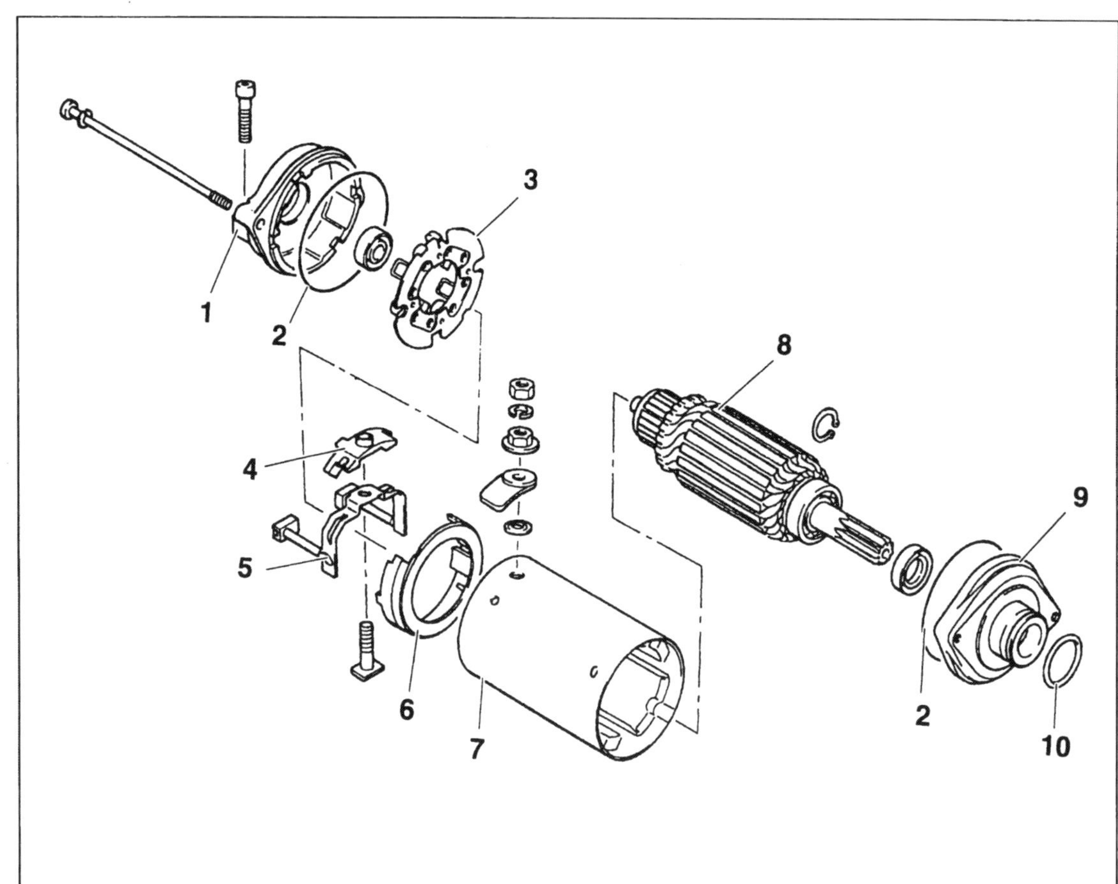


**Bild69**
Startermotor
1 Rückdeckel
2 O-Ring
3 Bürstenhalterplatte
4 Isolierhülse
5 Kohlebürstensatz
6 Isoliergehäuse
7 Gehäuse
8 Anker
9 Frontdeckel
10 O-Ring

# 6 Generator, Zündsystem und Starterfreilauf

## 6.1 Ausbau

- Generator (früher Lichtmaschine), Zündimpulsgeberspulen (Pick-ups) oder Zündspulen müssen zum Prüfen der Leistung oder Messen des Spulenwiderstands nicht ausgebaut werden.
- Generator-Kabel am Stecker trennen und freilegen.
- Ritzelabdeckung (Bild 124, Seite 50) abnehmen.
- Auffanggefäss für Lecköl unter Generatorgehäuse bereitstellen.
- Deckelschrauben (Bild 70) lösen und Generatordeckel abnehmen. Deckel «klebt» durch Magnetwirkung am Gehäuse!
- TIP In der BMW-Werkstatt gibt es das Spezialwerkzeug 12 5 500, das in das Gewinde des Kurbelwellenstopfens eingedreht wird, und mit dem der Deckel dann vom Gehäuse bequem abgenommen werden kann.
- Zündgeberspulen (Pickup) ① Bild 71 nach Ausdrehen von zwei Befestigungsschrauben abnehmen.
- Kurbelwelle blockieren wie in Bild 14, Seite 15, gezeigt.
- Generatorrotor-Mutter ② Bild 71 ausdrehen und Rotor mit BMW-Werkzeug 12 5 510 abdrükken (Bild 72).
- ⚠ Darauf achten, dass Rotor bei eventuellem «Absprengen» nicht hart landet, da so Rotor entmagnetisiert.
- Auf Verbleib des Nutensteins achten.
- Starterzwischenräder samt Wellen entnehmen (Bild 73).
- Falls defekt, Starterfreilauf nach Ausdrehen von vier Muttern und acht Innensechskantschrauben vom Rotor abnehmen.

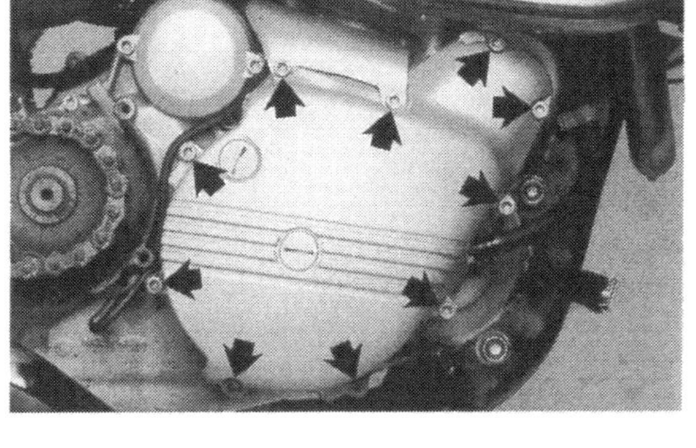

**Bild 70**
Generatordeckelschrauben

**Bild 71**
Zünd-Pickup ①, Rotormutter ② und Starterzwischenräder ③

**Bild 72**
Rotor abdrücken

**Bild 73**
Starteruntersetzung

## 6.2 Prüfen und Vermessen

### 6.2.1 Ladesystem

**Ladespannung:**

- Vor Prüfung sich vergewissern, dass Batterie voll geladen ist und Batteriespannung minde-

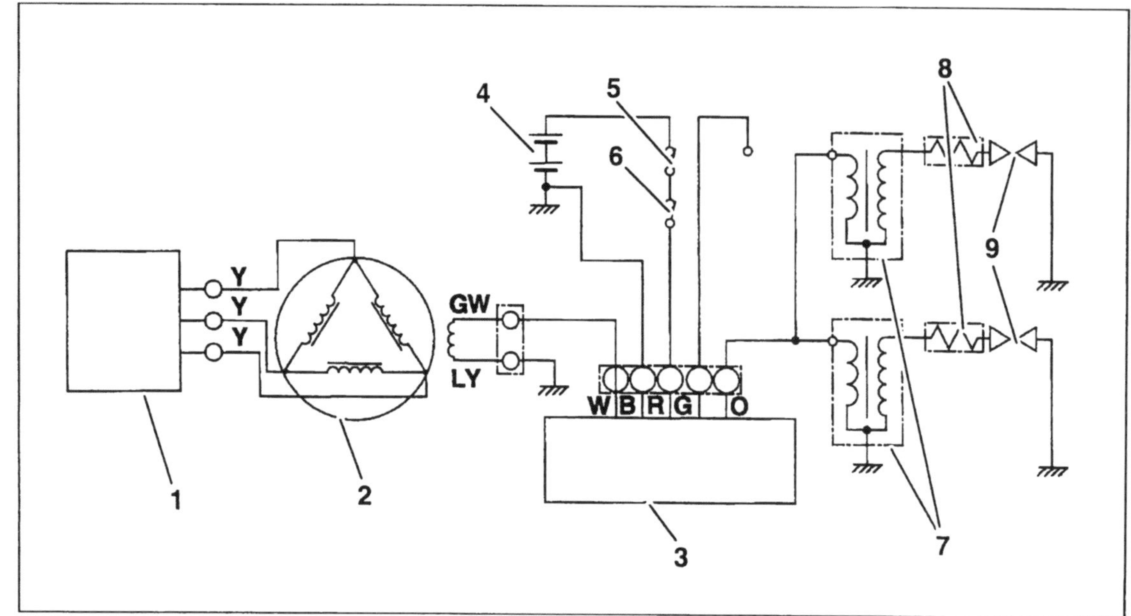


**Bild 74**
Lade- und Zündsystem
1 Gleichrichter
2 Generator
3 Zündbox
4 Batterie
5 Zündschloss
6 Killschalter
7 Zündspulen
8 Kerzenstecker
9 Zündkerzen

stens 12,8 Volt beträgt.

● Voltmeter zwischen Plus- und Minuspol der Batterie (voll geladen) anschliessen, Motor starten und Drehzahl langsam erhöhen.

● Spannung muss ab etwa 5000/min 14 bis 15 V betragen.

● **Statorspulen** des Generators sind in Ordnung, wenn zwischen den drei gelben Kabeln jeweils Durchgang besteht (0,20 bis 0,50 Ω). Es darf kein Masseschluss der gelben Kabel vorliegen.

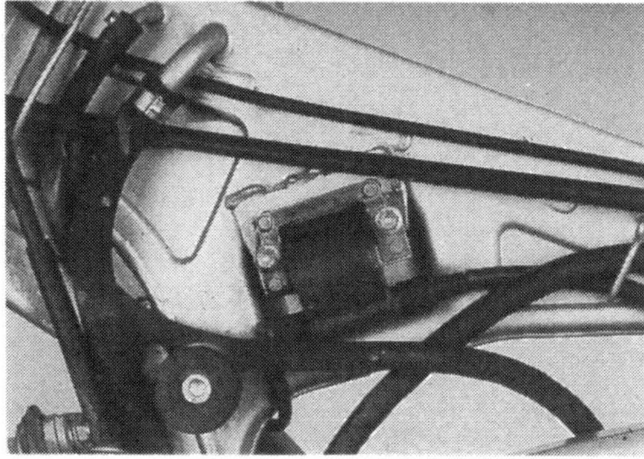

**Bild 75**
Zündspule (1 von 2)

### 6.2.2 Zündsystem

● ⚠ Widerstandsmessungen der Zündspule sind grundsätzlich nur mit Vorsicht zu geniessen: schadhafte Zündspulen, welche die vorgeschriebenen Werte aufweisen, können im Betrieb (→ Erwärmung) ihren Funken überallhin abgeben, nur nicht an die Kerzen!

Genaue Einhaltung der Widerstandswerte ist nicht erforderlich. Wenn die Wicklungen in gutem Zustand sind, werden Sollwerte jedoch annähernd erreicht.

● Widerstand der Primärwicklung der **Zündspulen** (Einbaulage Bild 75) zwischen dem Anschluss und Kern (Masse) messen. Sollwert: 0,20 bis 0,5 Ω.

● Widerstand der Sekundärwicklung ohne Zündkerzen-Stecker zwischen Zündkabel und Kern (Masse) messen. Sollwert: 6 bis 13 kΩ.

● Zur Widerstandsmessung der **Zündgeberspule** Stecker abziehen und Widerstand zwischen Anschlüssen am Stecker messen. Sollwert 190 bis 300 Ω.

Hat sich nach oben stehenden Prüfungen und Messungen immer noch kein Zündfunke einge-

| | | Tester (–) Leitung | | | | |
|---|---|---|---|---|---|---|
| | | G | W | O | R | S |
| Tester (+) Leitung | G | | O | O | O | O |
| | W | O | | O | O | O |
| | O | X | △ | | △ | X |
| | R | O | O | O | | O |
| | S | O | O | O | O | |

**Bild 76**
Zündbox-Prüftabelle
Messbereich 1 kΩ bis 10 kΩ
O Durchgang, Wert/Zeiger verändert sich laufend
X Kein Durchgang, Wert/Zeiger ohne Veränderung
△ Wert/Zeiger verändert sich und geht auf ∞ (unendlich)

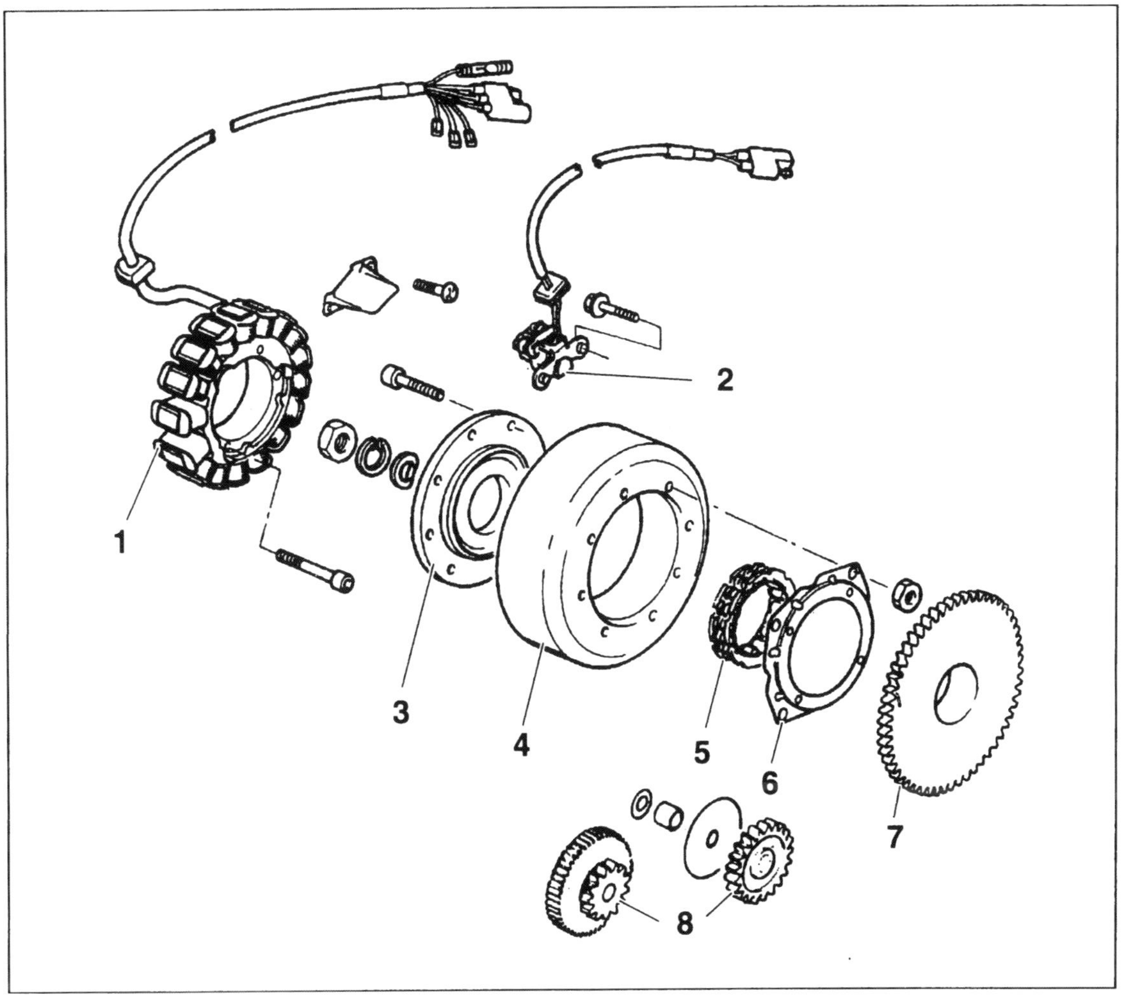

**Bild 77**
Generator, Zünd-Pickup und Starterfreilauf
1 Statorwicklung
2 Zündgeber
3 Nabe
4 Rotor
5 Freilauf
6 Deckel für Freilauf
7 Freilaufzahnrad
8 Starter-Zwischenräder

stellt und alle Steckverbindungen und Kabelisolierungen sind okay, steht eine Prüfung der Zündbox an.

- Sitzbank abnehmen und Stecker abziehen.
- Zündbox mit Tester (Messbereich 1 kΩ bis 10 kΩ) nach Tabelle (Bild 76) durchmessen. Falls ein Fehler vorliegt, Zündbox erneuern.
- Starterfreilauf darf nur in eine Richtung durchdrehen, in die andere sperren. Ansonsten auswechseln.
- Freilaufrad ① Bild 77 und Magnetnabe auf Verschleiss und Ausbrüche untersuchen. Einzelne Rattermarken sind zulässig.
- Zähne der Zwischenräder auf Verschleiss und Ausbrüche in der Härteschicht untersuchen.

## 6.3 Montage

- Freilauf mit Pfeilmarkierung ① Bild 78 nach aussen weisend in Magnetnabe ④ Bild 79 einsetzen.
- Auflagefläche der Magnetnabe zum Rotor mit Loctite 648 bestreichen und so am Rotor anbringen, dass Keilnut der Magnetnabe ④ mit Leitstück ⑥ des Rotors fluchtet.

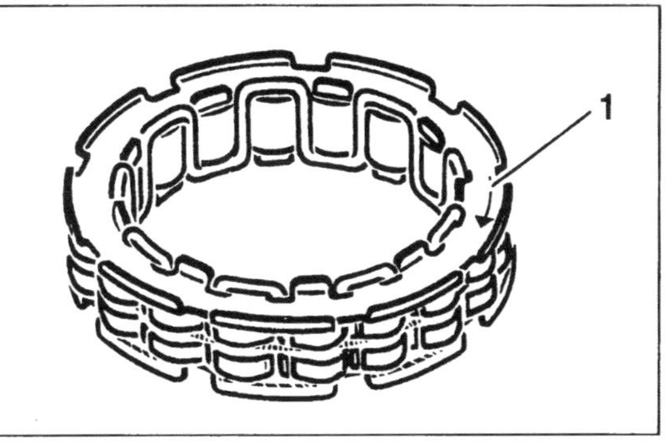


**Bild 78**
Freilaufkörper mit Pfeilmarkierung ①

- Befestigungsschrauben und Muttern mit Loctite 648 sichern (10 Nm). Sperrfunktion und -Richtung des Freilaufs prüfen.
- Freilaufrad ① Bild 78 geölt auf Kurbelstumpf aufsetzen.
- Starterzwischenrad ⑤ Bild 80 auf geölte Achse aufschieben.
- Anlaufscheibe ④ zwischen Verzahnungen des Doppelrads ③ schieben und beide gemeinsam auf Achsen aufschieben.
- Distanzhülse ② und Scheibe ① aufschieben.
- Nutenstein in Kurbelstumpf einsetzen.

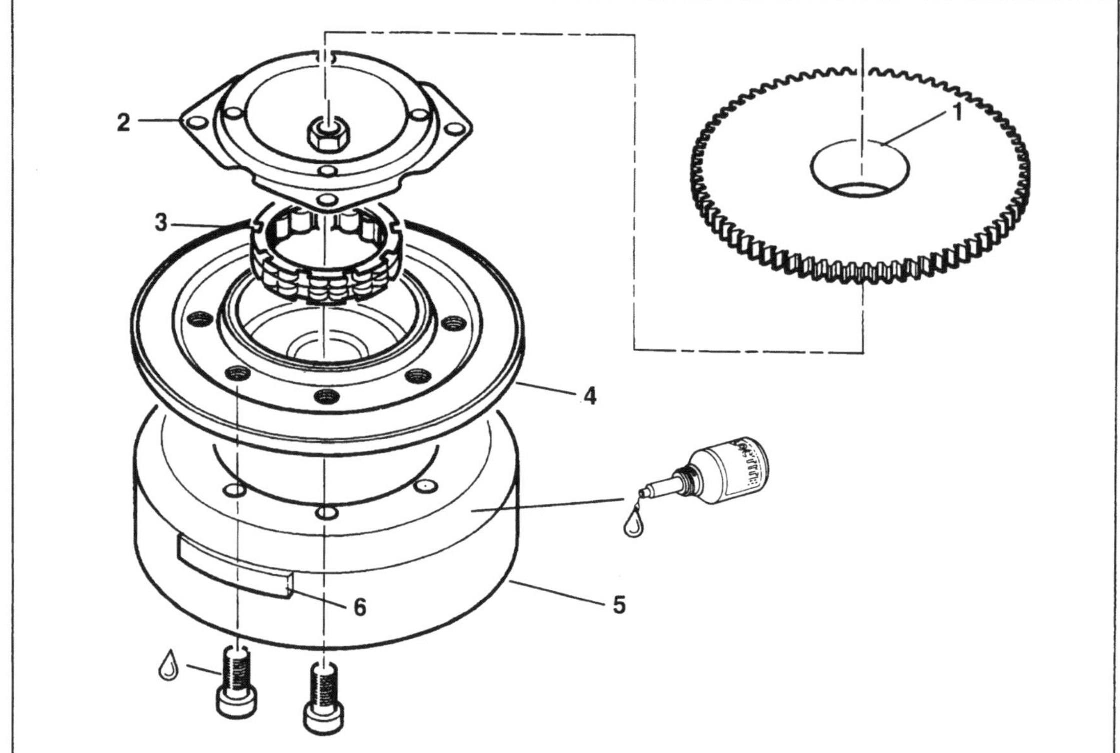


**Bild 79**
Rotor mit Starterfreilauf
1 Freilaufrad
2 Freilaufdeckel
3 Freilauf
4 Magnetnabe
5 Rotor

- Kurbelwellen-Konus und Rotor-Sitzfläche säubern (fettfrei). Konus und Sitzfläche dünn mit Loctite 648 bestreichen.
- Freilauf und Freilaufgehäuse ölen.
- Rotornut auf Nutenstein ausrichten und Rotor auf Kurbelstumpf aufsetzen. Dabei Doppelrad gegen Uhrzeigersinn drehen, damit Freilauf auf Bund des Freilaufrads rutscht.
- Sprengring auflegen und Gewinde von Kurbelstumpf und Mutter säubern (fettfrei). Loctite 221 auf Gewinde auftragen und Mutter festziehen (180 Nm; Kurbelwelle blockiert wie in Bild 14, Seite 15, gezeigt).
- Kabeltülle des Pickups mit Silikondichtmasse bestreichen und in Gehäuse einsetzen.
- Pickup mit Tapite-Schrauben befestigen. Schrauben mit Loctite 221 sichern (6 Nm).
- Kurbelwellen-Blockierung aufheben.
- Rotor so drehen, dass Leitstück ⑥ Bild 79 Pickup gegenübersteht.
- Mit Fühlerlehrenblatt Abstand zwischen Leitstück und Pickup prüfen (Bild 81). Sollwert 0,5 bis 1 mm.
- Abstand gegebenenfalls durch Biegen des Halteblechs korrigieren.
- Falls demontiert, Ladespulen- und Kabelhalter-Befestigungsschrauben mit flüssiger Schraubensicherung montieren. Darauf achten, dass Kabel nicht an Rotor schleifen kann.
- Gummitülle der Pickup- und Stator-Kabel (im Gehäusedeckel) im Bereich der Dichtfläche mit Silikondichtmasse (Silastic 732 RTV) bestreichen. Dichtung auflegen.
- Gehäusedeckel aufsetzen und Schrauben schrittweise über Kreuz anziehen (10 Nm; Bild 70).
- Falls demontiert, Motorentlüftungsschlauch mit Schelle anbringen.
- Stecker wieder einklinken und Ölstand kontrollieren.
- Ritzelabdeckung (Bild 124, Seite 50) wieder anbringen.

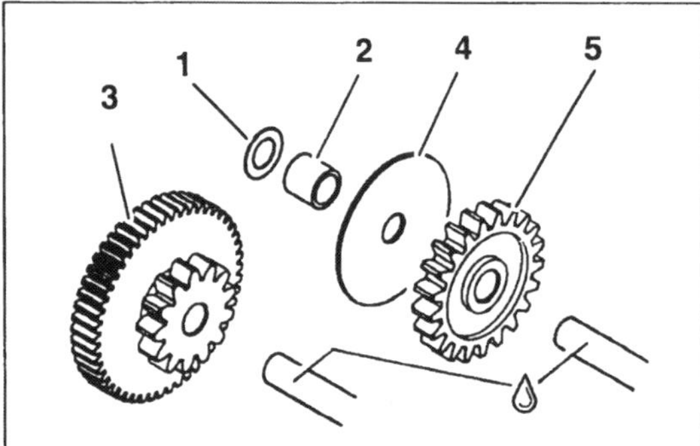


**Bild 80**
Starteruntersetzung
1 Anlaufscheibe
2 Distanzhülse
3 Doppelzahnrad
4 Anlaufscheibe
5 Zwischenrad

**Bild 81**
Pickup-Spalt ermitteln

# 7 Kühlsystem

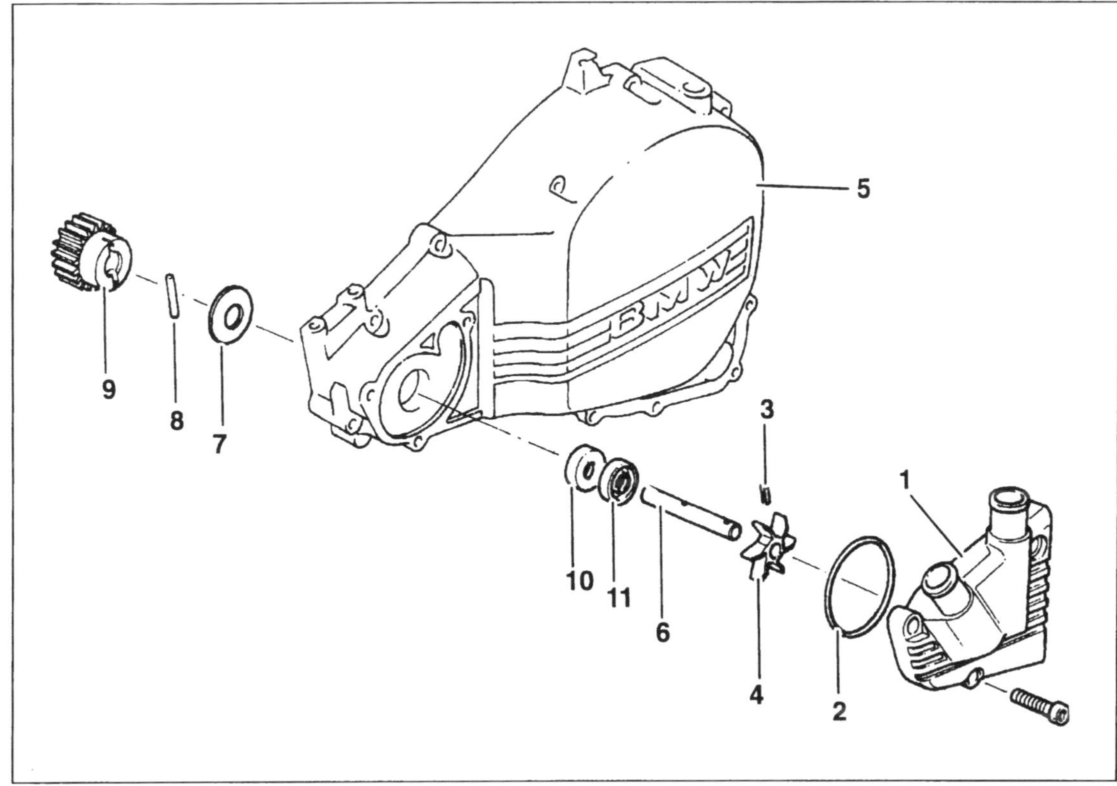


**Bild82**
Kühlmittelpumpe
1 Deckel
2 O-Ring
3 Spannstift
4 Flügelrad
5 Kupplungsgehäusedeckel
6 Welle
7 Scheibe
8 Stift
9 Zahnrad
10 Dichtring
11 Dichtring

## 7.1 Ausbau

Vollständiger Kühlkreislauf siehe Technische Daten, Seite 72.

● Kühlflüssigkeit ablassen (Kapitel 3.19, Seite 24).
● Kühlmittelschläuche abnehmen.
● TIP Falls Pumpendeckel z. B. für Arbeiten an Kupplung demontiert werden muss, können Schläuche mit ihren Einwegschlauchschellen auch auf Stutzen verbleiben.
● Drei Deckelschrauben ausdrehen und Gehäusedeckel ① Bild 82 mit O-Ring abnehmen.
● Den Spannstift ③ mit einem passendem Durchschlag herausschlagen und Flügelrad ④ abziehen.
● Starter (Kapitel 5) und Kupplungsgehäusedeckel ⑤ ausbauen (Kapitel 8, Seite 39).
● Welle nach innen herausziehen.
● Scheibe ⑦, Stift ⑧ und Zahnrad ⑨ abnehmen.

**Bild 83**
Thermostatgehäuse mit Thermoschalter ① (für Lüftermotor) und Thermosensor ② (für Temperaturanzeige)

● Gegebenenfalls Dichtringe ⑩ und ⑪ herausdrücken.
● Zwei Deckelschrauben (Bild 83) ausdrehen und Thermostatdeckel mit O-Ring abnehmen. Thermostat und Distanzscheibe entnehmen.
● Stecker des Thermoschalters ① (Lüfter) und Thermosensors ② (Temperaturanzeige) abziehen.
● Zwei Gehäuseschrauben Innensechskant SW 4 ausdrehen und Gehäuse vom Zylinderkopf abnehmen.

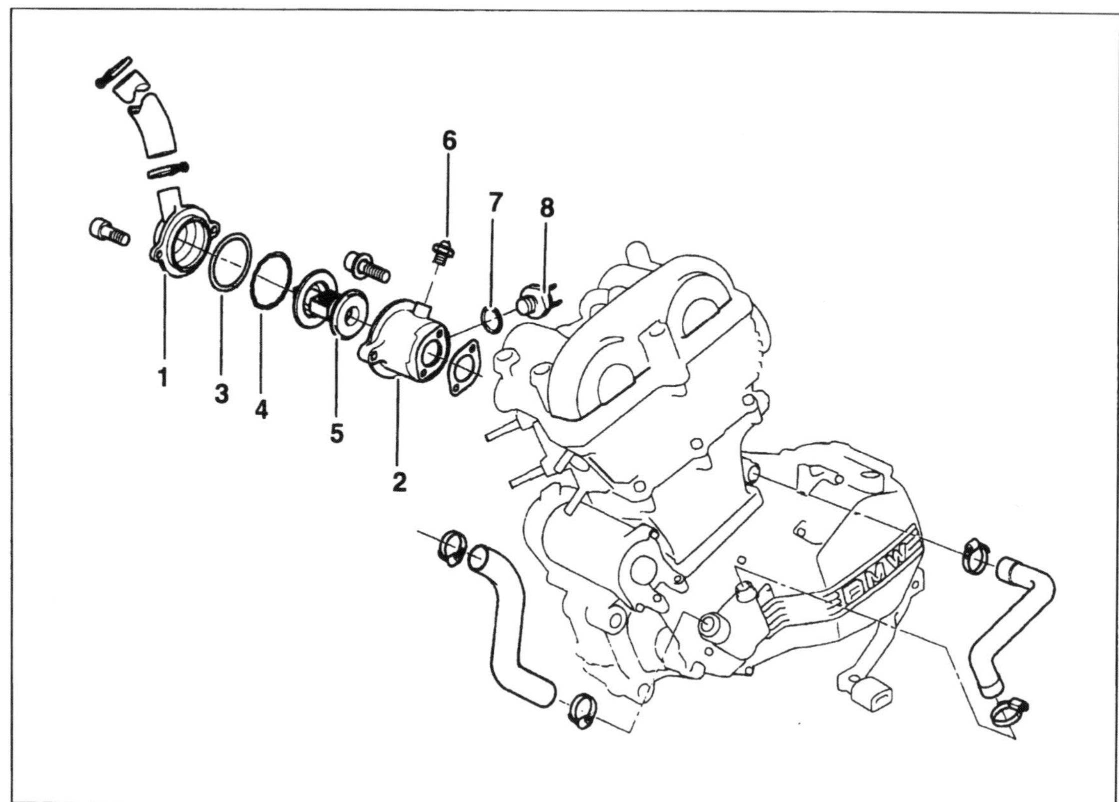


**Bild 84**
Thermostat
1 Deckel
2 Gehäuse
3 O-Ring
4 Distanzscheibe
5 Thermostatventil
6 Thermosensor
7 Dichtring
8 Thermoschalter

## 7.2 Prüfen und Vermessen

● Pumpengehäuse hat an Gehäuse-Unterseite eine Kontrollbohrung, an der bei Undichtheit im Inneren der Pumpe Kühlmittel austritt (auch als Sicherungseinrichtung, damit Motoröl nicht mit Kühlmittel verdünnt wird). In montiertem Zustand Kontrollbohrung auf Kühlmittel-Austritt untersuchen.
Bei Undichtheit Wellendichtringe ⑩, ⑪ und Welle ⑥ Bild 82 ersetzen.

● O-Ringe auf Brüchigkeit oder Beschädigung untersuchen.

● Pumpenwelle auf freie Drehbarkeit prüfen.

● Thermostatventil und Thermometer in Wassergefülltes Gefäss hängen und auf Herd erwärmen. Darauf achten, dass Thermostatventil Gefässwand nicht berührt.

● Thermostatventil muss bei 74°C ± 2°C beginnen zu öffnen und bei 87°C einen Ventilhub von min. 7,5 mm aufweisen. Falls nicht, Ventil ersetzen, es kann nicht nachgestellt werden.

## 7.3 Montage

● Äusseren Dichtring ⑪ Bild 82 mit passendem Dorn bündig zur Lauffläche eintreiben (ohne zu verkanten).

● ⚠ Hohlraum zwischen Dichtringen mit Molykote 897 161 füllen und inneren Dichtring eintreiben.

● Welle ⑥ einsetzen und Zahnrad ⑨ mit Stift und Scheibe anbringen.

● ⚠ Spannstift ③ erst einschlagen, wenn Kupplungsdeckel montiert ist.

● Kupplungsdeckel anbringen (Kapitel 8.3, Seite 41).

● Flügelrad ④ aufsetzen und Spannstift ③ einschlagen.

● O-Ring leicht geölt in Gehäusedeckel-Nut einsetzen und Deckel aufsetzen. Befestigungsschrauben eindrehen (10 Nm).

● Thermostatgehäuse ② Bild 84 mit so gut wie neuer Dichtung am Zylinderkopf befestigen (6 Nm).

● Thermostatventil ⑤ mit Scheibe einsetzen und Deckel mit leicht geöltem O-Ring befestigen (6 Nm).

● Beim Eindrehen von Thermofühler und -schalter flüssige Dichtmasse auf Gewinde auftragen.

● Sämtliche Schläuche montieren.

● Kühlkreislauf befüllen und entlüften wie in Kapitel 3.19, Seite 24, beschrieben.

# 8 Kupplung, Primärtrieb und Ölpumpen

## 8.1 Ausbau

● TIP Wechsel der Kupplungsscheiben ist bei eingebautem Motor ohne Spezialwerkzeug machbar.

● TIP Kühlmittelpumpe kann im Kupplungsdekkel montiert bleiben.

● TIP Falls eine Totaldemontage ansteht und kein Kupplungskorb-Halter zur Verfügung steht, kann bei eingebautem Motor mittels gebremstem Hinterrad die Hauptwelle blockiert werden.

● Starter ausbauen (Kapitel 5) und Schalthebel nach Ausdrehen der Klemmschraube von Schaltwelle abnehmen.

● Beide Kupplungsseilzug-Einsteller auf grösstmögliches Spiel einstellen und Seilzug am unteren Einsteller/Betätigungshebel aushängen.

● Motoröl ablassen oder Maschine sehr weit nach rechts lehnen.

● Geeignetes Auffanggefäss für Lecköl bereithalten.

● Deckelschrauben (Bild 85) schrittweise über Kreuz ausdrehen und Deckel abnehmen.

● Wellendichtring der Schaltwelle mit passendem Dorn herausschlagen (Dichtring bei jeder Demontage erneuern).

● Schrauben (1) Bild 86 der Kupplungsfedern schrittweise über Kreuz ausdrehen. Druckkorb (2) mit Ausrücklager abnehmen.

● Belag- und Stahlscheiben entnehmen.

● Blechlaschensicherung der Kupplungszentralmutter flachklopfen.

● Mit Universal-Kupplungshalter Kupplungsnabe festhalten und Zentralmutter ausdrehen (Bild 87).

● TIP Falls kein Kupplungshalter zur Verfügung steht, Hauptwelle bei eingelegtem Gang über Hinterrad-Bremse blockieren.

● Kupplungsnabe, Scheibe, Kupplungskorb, zwei Nadellager und Scheibe von Hauptwelle abnehmen.

● Kurbelwelle wie in Bild 14 gezeigt im OT blokkieren (Blockierschraube eindrehen), um Mutter des Primärtriebzahnrads auf Kurbelwelle zu lösen.

● Um Primärantriebsrad von Kurbelstumpf abzunehmen, wegen Steuerkette zuerst Steuerkettenspanner oder Nockenwelle ausbauen (Kapitel 9).

**Bild 85**
Kupplungsdeckel

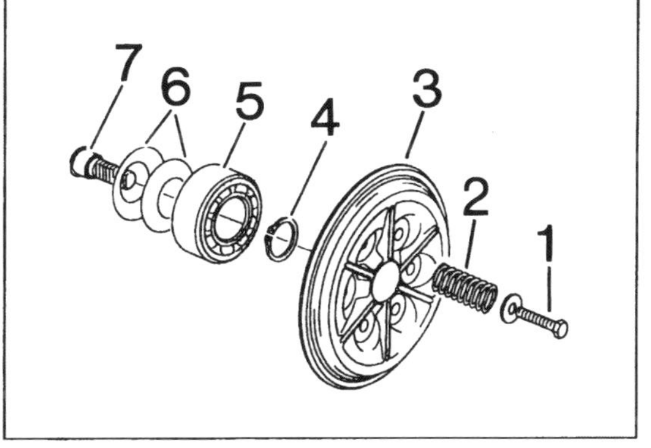


**Bild 86**
Federschrauben (1) und Druckkorb (2)

**Bild87**
Kupplungsgegenhalter im Einsatz

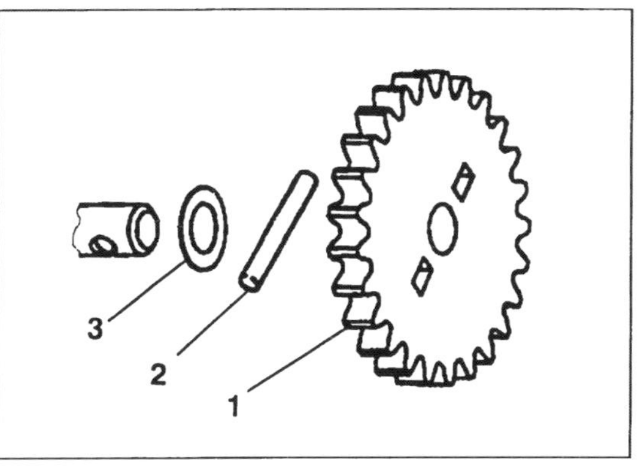


**Bild 88**
Ölpumpe
1 Antriebsrad
2 Mitnehmerstift
3 Scheibe

**Bild 89**
Mutter des Drehzahlmesserantriebs ①, Antriebswelle ② und Ölpumpen ③

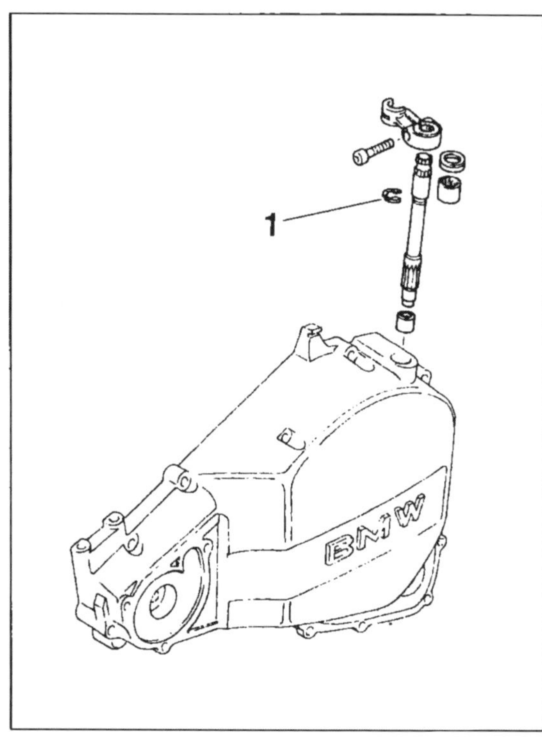


**Bild 90** ▶
Kupplungsausrückwelle mit E-Clip ①

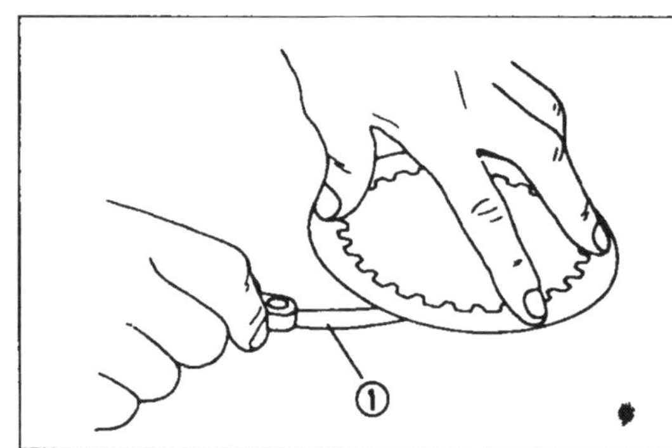


**Bild 91**
Lamellenverzug prüfen
1 Fühlerlehre

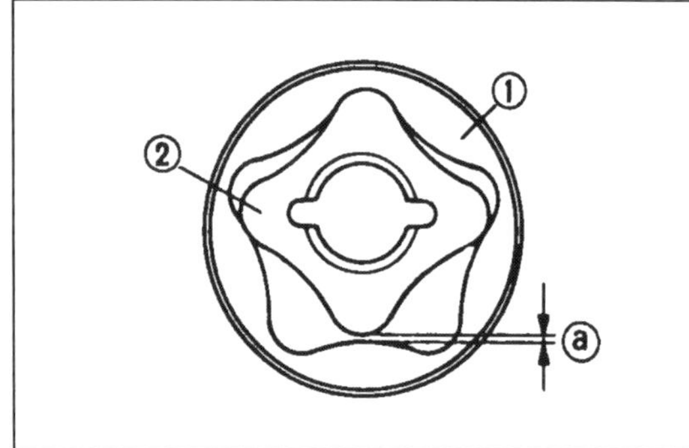


**Bild 92**
Ölpumpen-Verschleiss messen
1 Aussenrotor
2 Innenrotor
a = Spitzenspiel

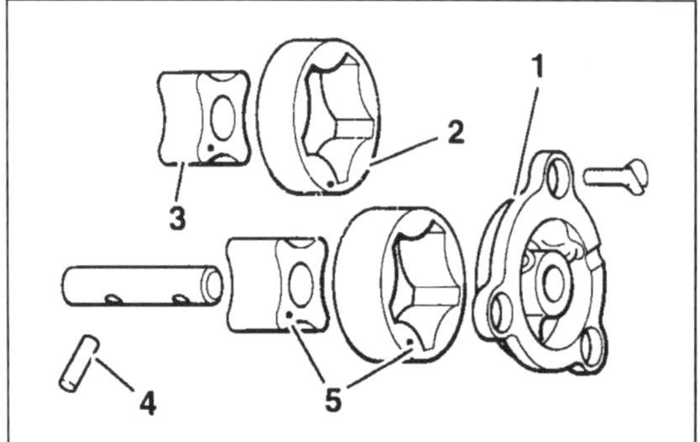


**Bild 93**
Ölpumpe
1 Deckel
2 Aussenrotor
3 Innenrotor
4 Stift
5 Markierung

● Antriebszahnräder der Ölpumpen mit Schraubendreher o. ä. aushebeln. Auf Verbleib der Nadelrolle (Mitnehmerstift) achten und Scheibe abnehmen (Bild 88).

● TIP Deckelschrauben der Ölpumpen mit Schlagschrauber lockern oder vor Ausdrehen mit Durchschlag und Stahlhammer kräftigen Schlag auf Kopf geben.

● Drei Befestigungsschrauben der Ölpumpe ausdrehen (Bild 89) und Deckel abnehmen. Es folgen Aussen- und Innenrotor mit Welle und Nadelrolle.

● Anschluss ① Bild 89 für Drehzahlmesser ausdrehen, Welle ② nach oben schieben, dann nach unten herausnehmen.

● Kunststoff-Zwischenrad und Schneckenrad abnehmen.

● Gegebenenfalls Ausrückwelle nach Ausklipsen der Sicherung ① Bild 90 aus Gehäuse herausziehen.

● Beide Nadellager und Dichtring mit BMW-Spezialwerkzeug 21 4 610 zusammen ausziehen.

## 8.2 Prüfen und Vermessen

● Gesamtdicke der sieben Kupplungsreibscheiben mit Mess-Schieber messen. Verschleissgrenze 24,0 mm.

● Reibscheiben bei Anzeichen von Riefen oder Verfärbung auswechseln.

● Dicke des Gesamtlamellenpakets (Reib- und Stahlscheiben) muss mindestens 35,0 mm betragen.

● Stahlscheiben auf Richtplatte mit Fühlerlehre auf Verzug prüfen (Bild 91). Verschleissgrenze 0,15 mm.

● Ungespannte Länge der Kupplungsfeder messen. Verschleissgrenze 43 mm.

● Schlitze im Kupplungskorb dürfen keine von den Reibscheiben verursachten Riefen, Kerben oder Scharten aufweisen, gegebenenfalls mit Feile vorsichtig begradigen.

● Festsitz des Lagers ⑤ Bild 86 in Druckplatte prüfen (Fingerprobe).

● Spiel des Aussenrotors ① Bild 92 der **Ölpumpe** im Gehäuse mit Fühlerlehrenblatt messen. Verschleissgrenze 0,25 mm.

● Spitzenspiel «a» Bild 92 darf maximal 0,25 mm betragen.

● Axialspiel zwischen Rotoren und Deckel darf maximal 0,20 mm betragen.

## 8.3 Montage

● Rotoren und Welle freizügig ölen.

● Rotoren so einsetzen, dass Markierungen ⑤ Bild 93 nach aussen weisen.

● Deckel aufsetzen und Senkschrauben eindrehen (mit Loctite 221 sichern; 6 Nm). Pumpenwellen auf freie Drehbarkeit prüfen.

● Tachometerantrieb (Bild 94) montieren: Zwischenzahnrad und Antriebsschnecke auf Nebenwelle und Schaltwelle aufsetzen. Antriebsspindel durch Anschlussgewinde oben durchstecken und unten in Lagerbohrung einsetzen.

● Anschluss-Stück oben mit Dichtring einschrauben; Gewinde mit Loctite 221 sichern.

● Primärtrieb-Zahnrad auf Kurbelstumpf montieren: Kurbelwelle mit Blockierschraube im oberen Totpunkt fixieren.

● Steuerkette gegebenenfalls über Kurbelstumpf fädeln.

● Primärantriebsrad auf Kurbelwelle aufschieben und Kette einhängen.

● Sprengring auflegen. Gewinde von Kurbelstumpf und Mutter säubern (fettfrei) und Mutter mit Loctite 221 gesichert festziehen (180 Nm).

● Anlaufscheibe ① Bild 95 auf Hauptwelle auflegen. Es folgt schmale Nadelhülse, dann breite Nadelhülse (beide geölt).

● O-Ring ③ in Nut hinter Keilbahnen einsetzen.

● Kupplungskorb ④ aufsetzen und darauf achten, dass alle Zahnräder im Eingriff sind.

● Anlaufscheibe ⑤ aufschieben, gegen O-Ring ③ drücken, bis nicht zurückfedernder Sitz erreicht ist.

● Innenverzahnung der Kupplungsnabe ⑥ mit Loctite Anti Seize einstreichen und auf Hauptwelle aufschieben.

● Sicherungsblech ⑦ aufschieben bis es in Keilverzahnung eingreift.

● Gewinde von Hauptwelle und Mutter säubern (fettfrei) und Mutter mit Loctite 221 gesichert

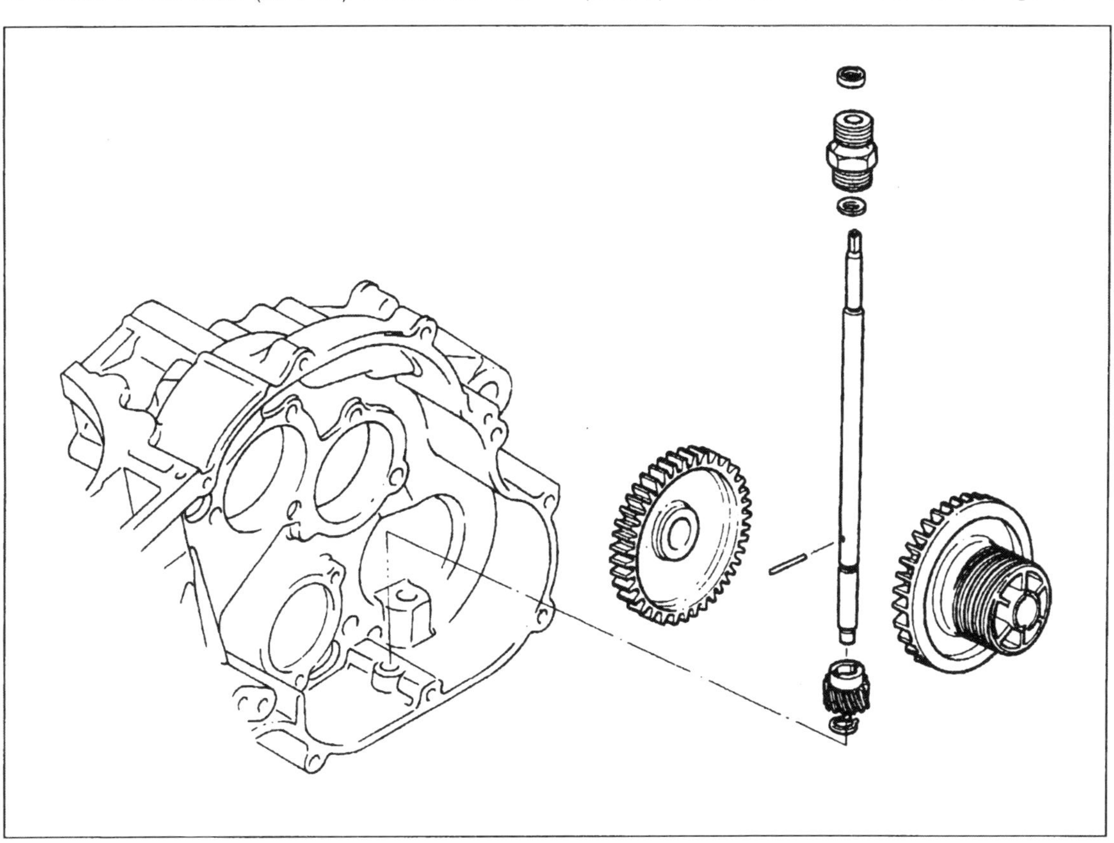

**Bild94**
Drehzahlmesserantrieb

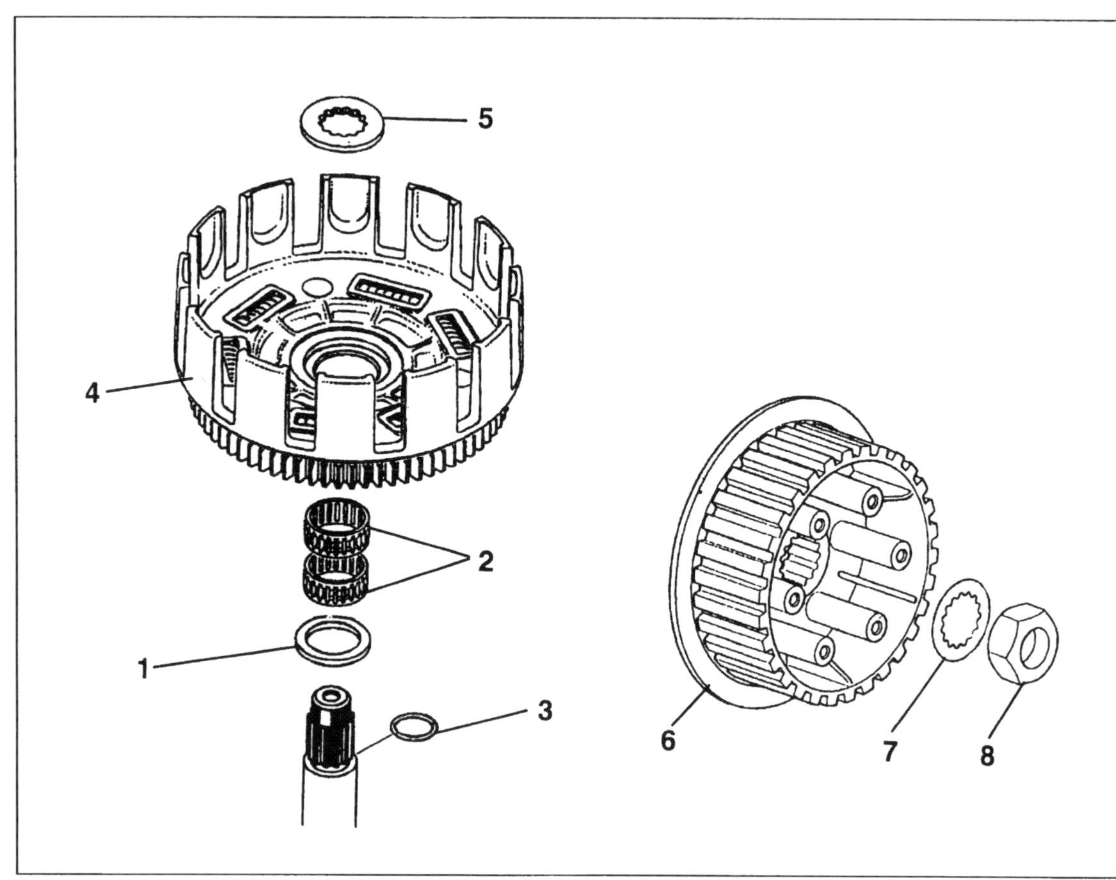


**Bild95**
Kupplung
1 Anlaufscheibe
2 Nadellager
3 O-Ring
4 Korb
5 Anlaufscheibe
6 Nabe
7 Sicherungsblech
8 Mutter

anziehen (140 Nm). Dabei mit Kupplungshalter (Bild 87) gegenhalten. Sicherungsblechlasche an Mutter anlegen.

● Belag- und Stahlscheiben abwechselnd geölt einsetzen. Erste Scheibe: Belagscheibe.

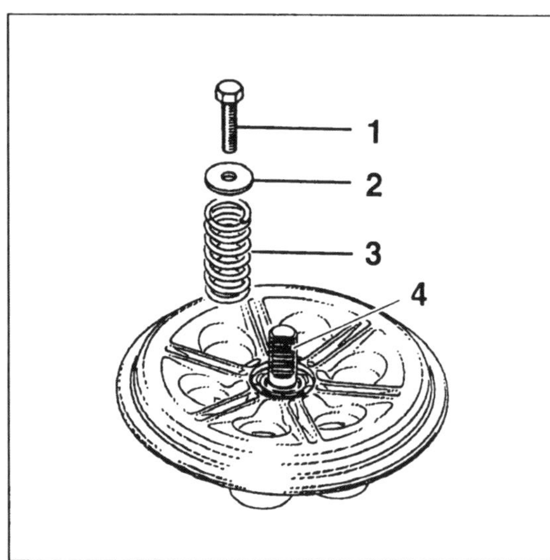


**Bild 96**
Druckkorb
1 Schraube
2 Scheibe
3 Feder
4 Zahnstange

● Die mit Farbpunkt markierte Lamelle zuletzt einlegen.

●⚠ Falls Kupplungskorb versetzte Nut hat, muss letzte Lamelle in diese Nut eingesetzt werden.

● Druckplatte und Federn einsetzen (Bild 96). Schrauben mit Scheiben schrittweise über Kreuz gleichmässig anziehen (10 Nm).

● Dichtflächen von Kupplungsgehäuse und Deckel säubern (öl- und fettfrei).

● Wellendichtring im Kupplungsdeckel mit passendem Dorn bündig und ohne zu verkanten eintreiben. Dichtlippen fetten.

● Zahnstange ④ Bild 96 in richtige Position zur Ausrückwelle bringen und mit Fett fixieren.

● Deckel mit neuer Dichtung aufsetzen. Dabei Kühlmittelpumpe von Hand drehen, damit Zahnräder von Pumpe und Ausgleichswelle leichter ineinander greifen.

● Befestigungsschrauben schrittweise über Kreuz anziehen (Bild 85).

● Betätigungshebel anbringen und Seilzugspiel einstellen (Kapitel 3.8, Seite 16).

# 9 Zylinderkopf

## 9.1 Ausbau

● ⚠ Bei mechanischen Schäden muss Öltank gereinigt werden.

● TIP Falls Zylinderkopf nicht zerlegt werden muss, können bei ausgebautem Motor Zylinderkopf und Zylinder gemeinsam ausgebaut werden.

● Kühlmittel ablassen (Kapitel 3.19).

● Sitzbank und Kraftstofftank ausbauen.

● Auspuffdämpfer und Krümmer ausbauen.

● Ansaugstutzen am Vergaser lösen.

● Elektrische Leitungen am Thermostatgehäuse (Bild 83) abziehen.

● Eine Zündkerze ausbauen.

● Steuerkettenspanner (Bild 97) ausdrehen.

● Nockenwellen ausbauen (Kapitel 3.6).

● Kettenräder von Nockenwellen nur abbauen, wenn Kettenräder ersetzt werden müssen.

● Vordere Kettenführungsschiene herausnehmen.

● Zylinderkopfstütze zum Rahmen (Bild 98) abnehmen.

● Drei Innensechskantschrauben ① Bild 97 ausdrehen.

● Zylinderkopfschrauben (Bild 99) vorn und hinten «von unten» ausdrehen.

● Zylinderkopfschrauben und -Muttern (Bild 100) schrittweise über Kreuz lösen. Muttern jeweils um halbe Umdrehung lockern, dann erst ganz ausdrehen.

● Zylinderkopf vom Zylinder trennen. Falls Zylinderkopf festgebacken, helfen leichte Gummihammerschläge in der Gegend von Ein- und Auslass, um Kopf zu lockern.

● Kantholz unterlegen und Zuganker mit Zange lockern (Bild 101) und von Hand ausdrehen. Zuganker nach oben und Zylinder seitlich entnehmen.

● ⚠ Tassenstössel, Ventile, Keile, Federn und Federteller so aufbewahren, dass sie wieder an ihrer angestammten Führung zum Einsatz kommen.

● Tassenstössel entnehmen.

● Mit Ventilfederspanner (Bild 102) Ventilfedern demontieren.

● ⚠ Darauf achten, dass Stösselführungen im Zylinderkopf nicht zerschrammt werden.

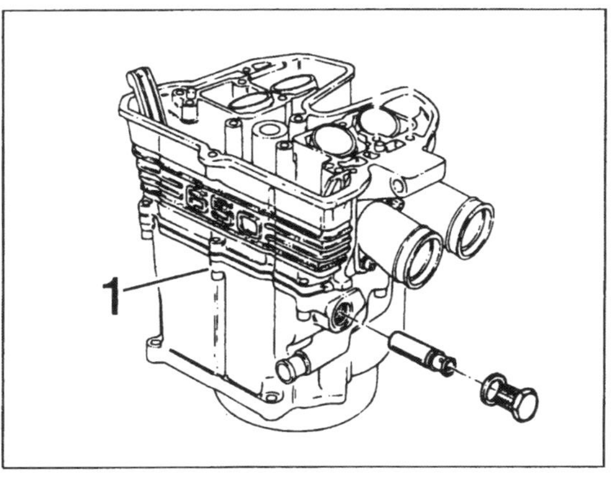


**Bild97**
Steuerkettenspanner

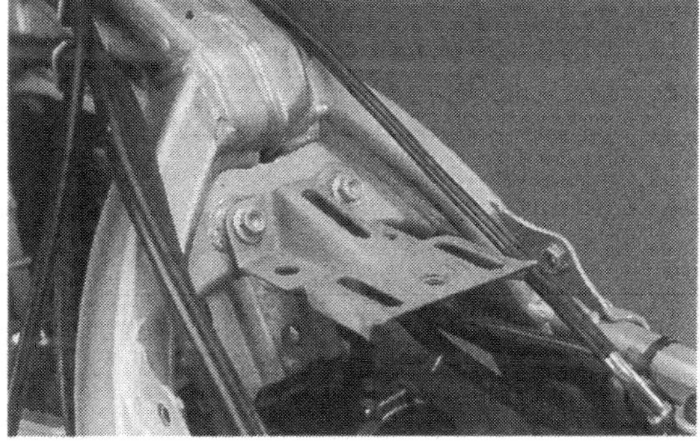

**Bild98**
Zylinderkopfbefestigung am Rahmen

**Bild99**
Zylinderkopfschrauben vorn und hinten

**Bild 100**
Zylinderkopfschrauben und -Muttern

**Bild 101**
Zuganker mit Zange lockern

**Bild 102**
Ventilfederspanner im Einsatz

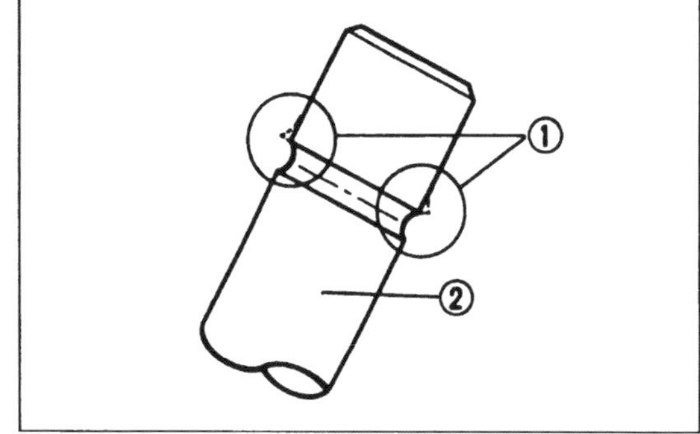


**Bild 103**
Ventilkeilnuten auf Aufwerfungen untersuchen
1 Aufwerfungen
2 Ventilschaft

**Bild 104**
Quetschbreite mit Plastigage-Skala vergleichen

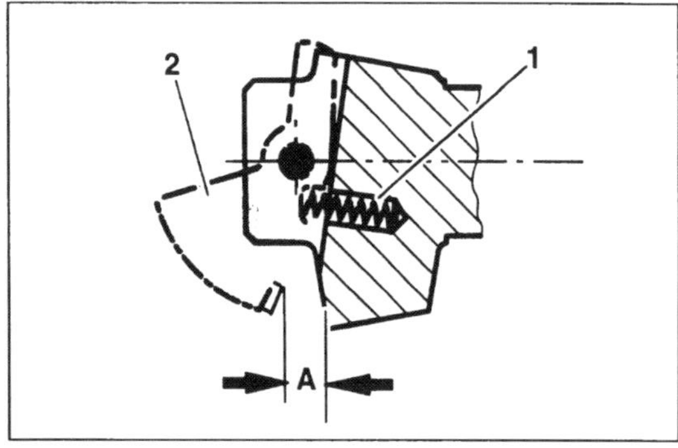


**Bild 105**
Federkraft messen
1 Feder
2 Hebel/Fliehgewicht
A 11,5 mm

● ⚠ Federn nicht weiter zusammendrücken, als zum Entfernen der Keile nötig ist, da sonst Federn frühzeitig erlahmen.

● Mit Pinzette oder Magnetheber Keile entfernen.

● Vor Entnahme der Ventile, Ventilkeilnuten auf Aufwerfungen oder Grate untersuchen (Bild 103). Gegebenenfalls mit feinem Ölstein Grate entfernen, da sonst Ventilführungen beim Herausnehmen der Ventile zerschrammt werden können.

● Ventilschaftdichtungen mit Spitzzange abziehen.

● Brennräume und Ventile mit Schaber entkohlen bzw. im Fachbetrieb mit Sandstrahl reinigen lassen (Dichtflächen abkleben).

## 9.2 Prüfen und Vermessen

● Aus Brennraum alle Ölkohleablagerungen entfernen. Bereich der Zündkerzenlöcher und der Ventilführungen auf Risse kontrollieren.

● Mit Haarlineal Zylinderkopf und Zylinderdichtfläche in mehreren Richtungen auf Verzug prüfen (Verschleissgrenze 0,05 mm). Gegebenenfalls in Fachbetrieb planen lassen.

● Steuerketten-Führungsschienen auf Beschädigung und übermässigen Verschleiss prüfen.

● Spiel der Nockenwellenlager mit Kunststoff-(Plastigage)-Streifen messen (Verschleissgrenze 0,08 mm).

● Dazu Nockenwelle (ölfrei) einsetzen, Mess-Streifen auflegen und obere Lagerbockhälfte (ölfrei) aufsetzen und mit vorgeschriebenem Drehmoment anziehen. Welle nicht drehen!

● Nach Wiederöffnen Lagerspiel an Quetschbreite des Streifens ablesen (je breiter Streifen, desto geringer Spiel; Bild 104). Bei Überschreiten der Verschleissgrenze Nockenwelle wie folgt vermessen, gegebenenfalls austauschen und Lagerspiel erneut überprüfen. Falls Spiel noch immer Verschleissgrenze überschreitet, auch Lagerbock vermessen bzw. auswechseln.

● Lauf- und Lagerflächen und Nockenwelle auf Riefen, Beschädigungen oder Anzeichen unzureichender Schmierung untersuchen. Ölbohrungen dürfen nicht verstopft sein.

● Nockenhöhe (Ein- und Auslass) muss mindestens 39,7 mm betragen. Lagerzapfen müssen mindestens 21,95 mm Durchmesser aufweisen.

● Durchmesser der Lagerstellen im montierten Lagerbock darf höchstens 22,040 mm aufweisen.

● Nockenwelle mit nach unten weisender Nockenspitze waagrecht halten. Feder des Dekompressors muss Hebel ② Bild 105 mindestens auf Mass «A» von Nocke wegdrücken.

● ⚠ Feder niemals dehnen. Dadurch ändert sich definierte Federkraft.

● Im aktivierten Zustand darf Überstand des Aushebers über Nockengrundkreis Mass «B» nicht unterschreiten (Bild 106).

● Gegebenenfalls Dekompressor zerlegen indem Achse ① Bild 107 mit Durchschlag ausgetrieben wird. Feder ③ bei Demontage grundsätzlich erneuern.

● Steuerkettenverschleiss messen:

● Hydraulischen Kettenspannerbolzen ① Bild 108 in Zylinder einschieben bis Widerstand spürbar ist.

● Abstand von Dichtfläche am Zylinder bis Kolben messen (Mass «A»). Falls Abstand grösser als 9,5 mm, Steuerkette und Kettenräder auswechseln, da sonst keine exakten Ventilsteuerzeiten mehr gewährleistet sind.

● Jedes Ventil auf Verbiegung, Kratzer und anormalen Verschleiss am Schaft untersuchen. Ventilsitz muss glattes und riefenfreies Tragbild zeigen. Falls Sitzfläche am Ventilteller verbrannt oder ungleichmässigen Kontakt mit Ventilsitz hat, Ventil erneuern. Jedes Ventil muss in seiner Führung sauber gleiten.

● Ventilführung auf Verschleiss prüfen:

● Neues Ventil vom Brennraum her in Führung bis zum Anstehen an Ventilschaftdichtung einführen.

● Mit Messuhr, im rechten Winkel zur Ventilachse, quer zur Nockenwellenachse, maximales Kippspiel messen (Bild 109; Verschleissgrenze 0,4 mm).

● Mit Kugellehre, Messdorn oder Innenmikrometer Innendurchmesser der Ventilführungen messen. Verschleissgrenze Innendurchmesser der Ventilführung max. 6,080 mm.

● Mit Mikrometer Durchmesser des Ventilschafts messen. Verschleissgrenzen siehe Bild 110.

● Durchbiegung (Schlag) des Ventils darf maximal 0,01 mm betragen (Bild 111).

Ist Spiel grösser, prüfen, ob Einbau neuer Führung mit Standard-Abmessungen das Spiel wieder in Toleranz bringen würde. Wechseln der Ventilführungen muss einer dafür ausgerüsteten Fachwerkstatt überlassen werden, da gleichzeitig Ventilsitze nachgeschliffen werden müssen.

● Ventilsitz im Zylinderkopf und Dichtfläche am Ventil auf Grübchen oder Ausbrüche untersuchen.

● Feine Einschleifpaste auf Ventilsitzringe auftragen. Darauf achten, dass Schleifpaste nicht in Führung gelangt!

● Zugehöriges Ventil einsetzen und unter leichtem Druck drehen.

● Ventil herausnehmen, Einschleifpaste ab-

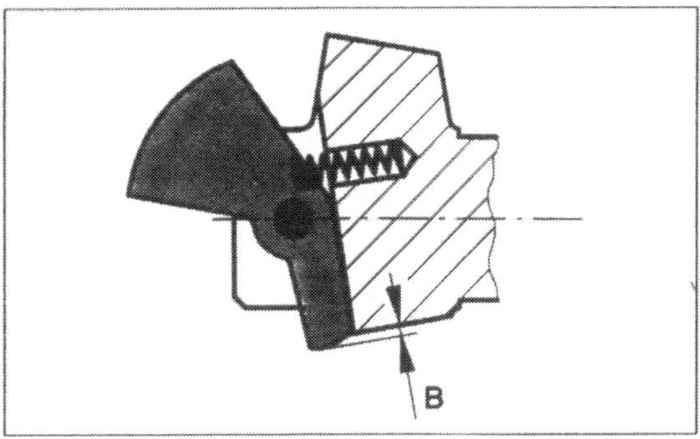


**Bild 106**
Überstand messen
B 0,6 mm

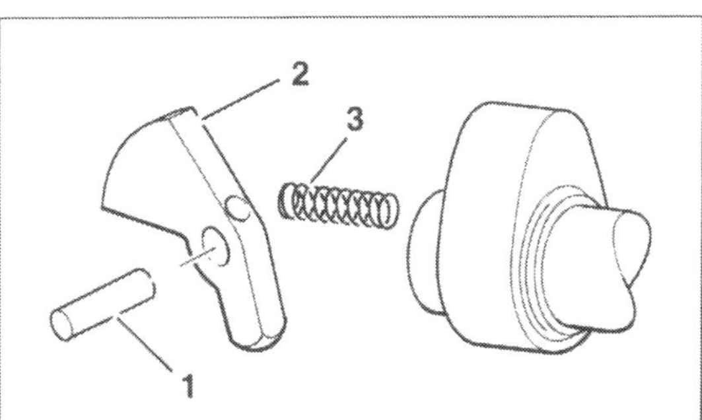


**Bild 107**
Fliehkraft-Dekompressor
1 Achse
2 Hebel/Fliehgewicht
3 Feder

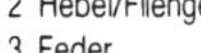

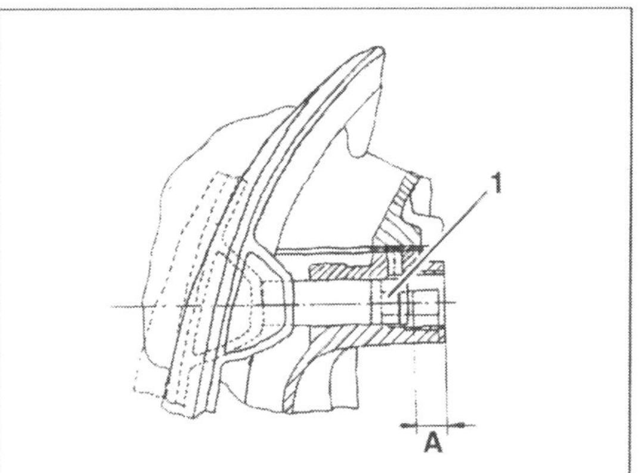


**Bild 108**
Steuerkettenverschleiss messen
1 Kettenspanner
A max. 9,5 mm

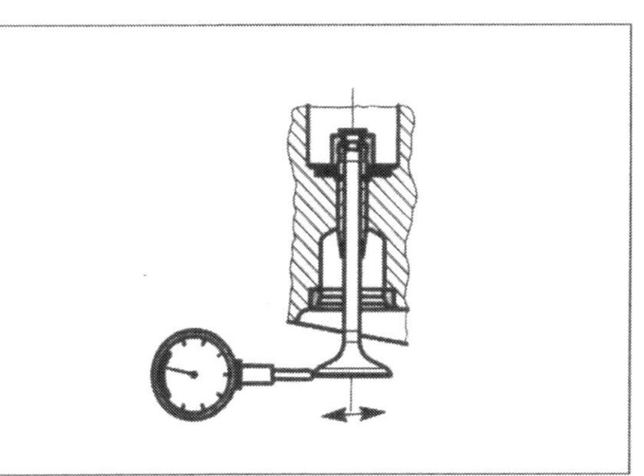

**Bild 109**
Ventilführung auf Verschleiss prüfen

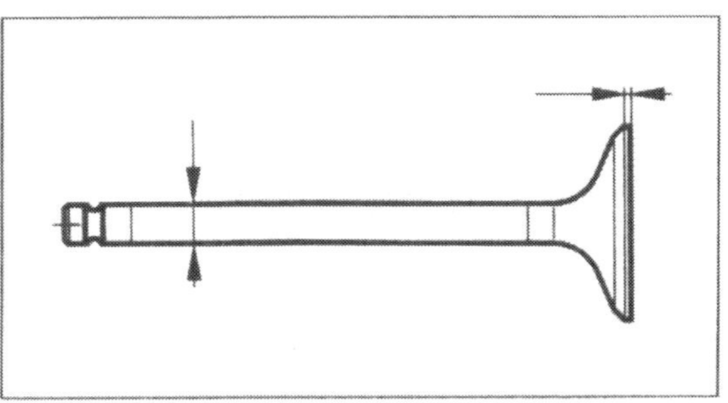

**Bild 110**
Schaftdurchmesser messen
Einlassventil min. 5,950 mm
Auslassventil min. 5,935 mm

**Bild 111**
Ventilschlag messen

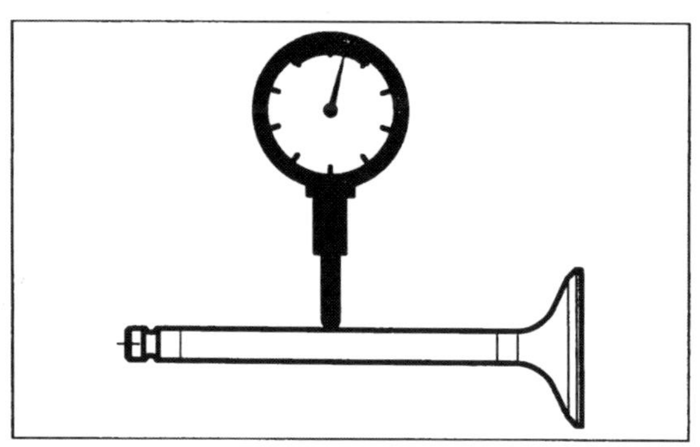

**Bild 112** ▶
Ventilsitzbreite «A» messen
Verschleissgrenze
Einlass 1,6 mm
Auslass 1,8 mm

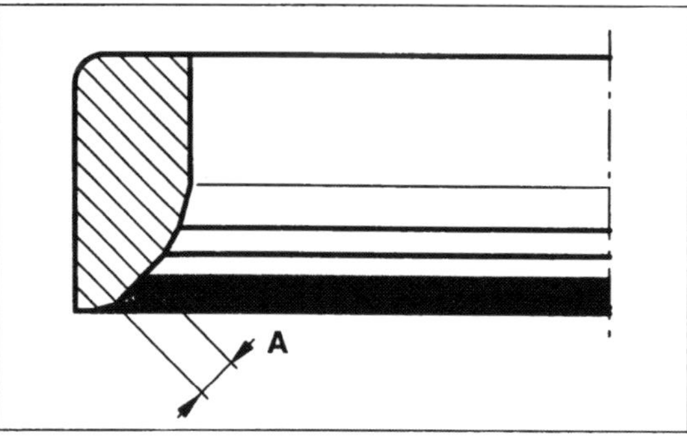


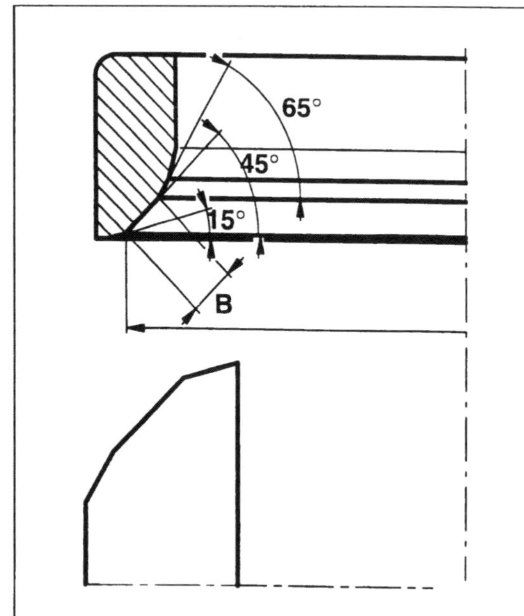


**Bild 113**
Ventilsitz-Fräswinkel
Ventilsitz-Sollbreite «B»
Einlass 1,2 mm
Auslass 1,4 mm

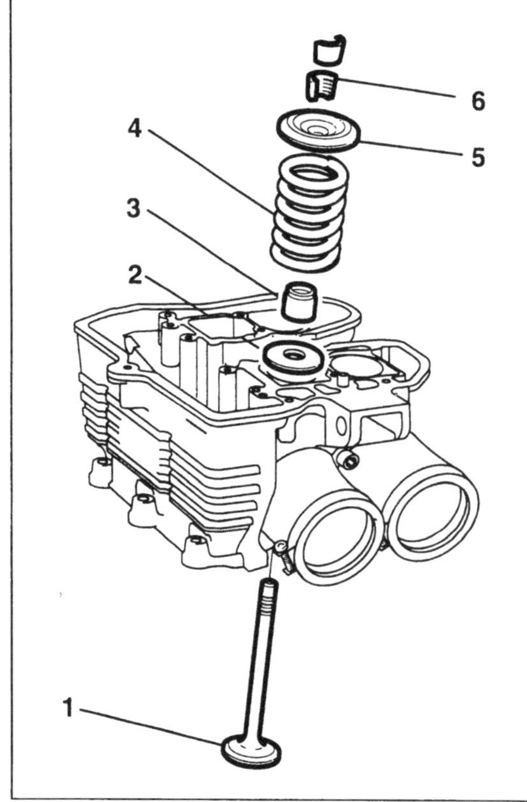


**Bild 114**
Zylinderkopf zusammenbauen
1 Ventil
2 Unterer Ventilteller
3 Ventilschaftdichtung
4 Ventilfeder
5 Oberer Ventilteller
6 Ventilkeile

wischen und Ventilsitzbreite «A» Bild 112 messen. Verschleissgrenze Einlass 1,6 mm; Auslass 1,8 mm.

● ⚠ Ist Ventilsitz im Zylinderkopf zu breit oder zu schmal, muss er in Fachwerkstatt neu gefräst werden, Sollventilsitzbreite Einlass 1,2 mm; Auslass 1,4 mm. Fräswinkel siehe Bild 113.

● Schliesst ein Ventil nicht einwandfrei dicht ab, Ventilsitz läppen (Prüfung: bei eingebautem Ventil in Ansaug- oder Auspuffkanal Benzin giessen, am Ventil darf nichts auslaufen).

● Läppmittel auf Ventilsitz auftragen, Ventil von innen mit speziellem Gummisauger oder von aussen mit Schlauchstück und Holzstift quirlen. Läppmittel darf nicht zwischen Ventilschaft und Führung geraten! Genügt Nachläppen nicht zum Abdichten, Ventil erneuern oder Dichtfläche in Fachbetrieb überschleifen lassen.

● Ungespannte Länge der Ventilfedern messen. Verschleissgrenze 44,5 mm.

● Tassenstössel auf Beschädigung und Verschleiss untersuchen.

● Innendurchmesser der Stösselführung im Zylinderkopf und Stösseldurchmesser messen. Spiel darf maximal 0,20 mm betragen.

## 9.3 Montage

● ⚠ Ventile und Tassenstössel in ursprünglicher Führung einsetzen!

● Untere Ventilfederteller ② Bild 114 einsetzen und neue Ventilschaftdichtungen geölt montieren (von Hand aufdrücken).

● Ventil in geölte Führung einschieben.

● Ventilfedern einsetzen. Obere Federteller aufsetzen und mit Ventilfederspanner Federn zusammendrücken. Ventilkeile einsetzen.

● TIP Ventilkeile zur Montageerleichterung leicht gefettet einsetzen.

● ⚠ Ventilfedern nicht mehr als unbedingt nötig zusammendrücken.

● ⚠ Darauf achten, dass Stösselführungen im Zylinderkopf nicht zerschrammt werden.

● Mit Gummihammer leicht auf Ventilschäfte klopfen, damit sich Ventilkeile setzen.

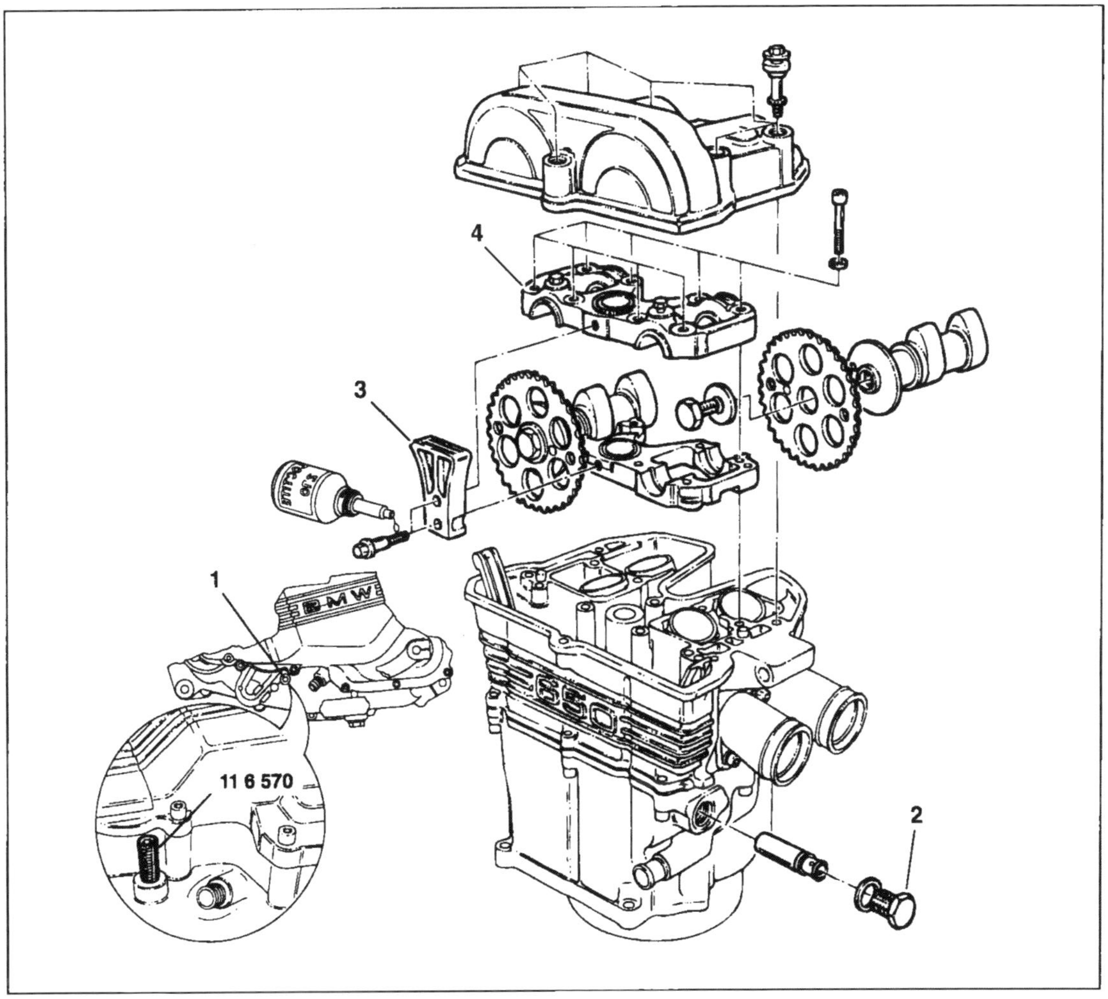

**Bild 115**
Zylinderkopf einbauen
1 Blockierschrauben einsetzen
2 Kettenspanner-Verschluss-Schraube
3 Kettengleitstück
4 Nockenwellenlagerbock-Oberteil

● Dichtflächen von Kopf und Zylinder säubern (öl- und fettfrei).
● Steuerkette mit Drahthaken durch Kettenschacht im Zylinderkopf ziehen.
● Zylinderkopf aufsetzen.
● Zylinderkopf und Zylinder mit Innensechskantschrauben verschrauben (handfest).
● Bundmuttern auf Stehbolzen aufschrauben und über Kreuz festziehen (50 Nm; Bilder 99 und 100).
● Tassenstössel aussen ölen; in zugehörige Führung einsetzen.
● Dicke der Einstellplättchen messen und Mass notieren.
● Unterteil des Nockenwellen-Lagerbocks einsetzen und Nockenwellen mit nach oben weisenden Nockenspitzen einlegen.
● Nockenwellen von Hand niederdrücken und mit Fühlerlehre Ventilspiel messen (Bild 116).
● Dekompressor der Auslass-Nockenwelle darf nicht auf Tassenstössel drücken – falsches Ventilspiel.
● Masse notieren und Differenz zwischen Soll- und Istmass ermitteln.
● Ventilspiel: Ein- und Auslass 0,10 bis 0,15 mm.

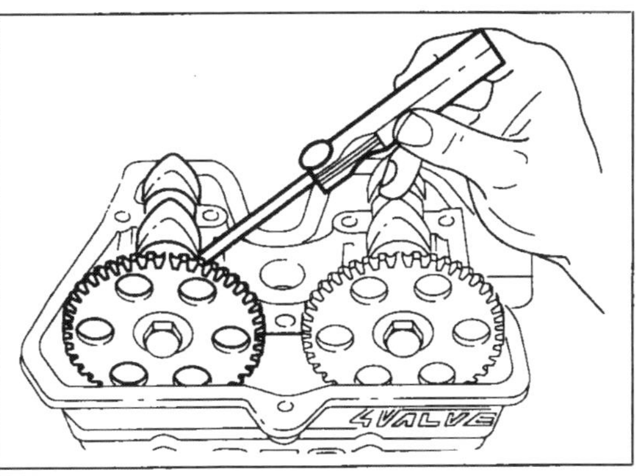

**Bild 116**
Ventilspiel messen

● Plättchen gegen entsprechend dünneres oder dickeres ersetzen, um Spiel wieder in Toleranz zu bringen.
● Starre Steuerketten-Führungsschiene in Schacht einschieben.
● Übrige Arbeiten wie in Kapitel 3.6, Seite 14, beschrieben ausführen.
● Steuerkettenspanner ② Bild 115 mit Dichtring einschrauben (40 Nm).
● ⚠ Blockierschraube ① Bild 115 ausdrehen und Zylinderschraube mit Dichtring einschrauben (24 Nm).
● Zylinderkopf am Rahmen befestigen (Bild 98).

# 10 Kolben und Zylinder

**Bild 117**
Kolbenbolzen-Sicherungsring aushebeln

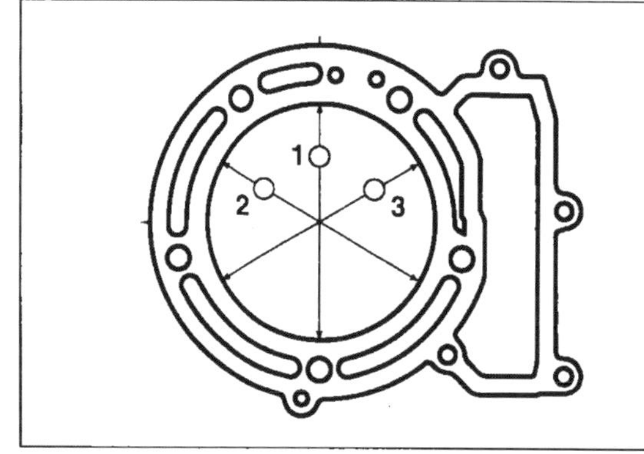


**Bild 118**
Messrichtungen/Zylinder

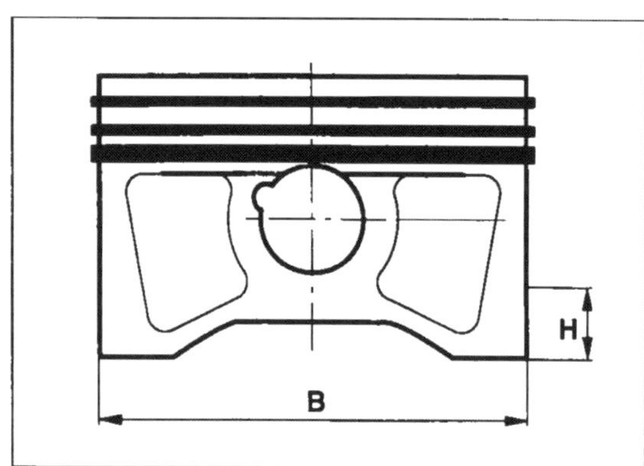


**Bild 119**
Massebene/Kolben
H 16 mm
B Kolbendurchmesser

**Bild 120**
Stoss-Spiel ermitteln

## 10.1 Ausbau

● Zylinderbefestigungsschrauben ausdrehen und Zylinder nach oben abziehen.

● ⚠ Darauf achten, dass beim Abziehen Kolben nicht gegen Motorgehäuse oder Stehbolzen schlägt.

● Eventuelle Ölkohle-Ablagerungen am oberen Rand des Zylinders mit Dreikantschaber vorsichtig entfernen.

● Kurbelgehäuse-Öffnung mit sauberem Putzlappen abdichten. Kolbenbolzen-Sicherungsring mit kleinem Schraubendreher aushebeln (Bild 117).

● Kolbenbolzen seitlich herausdrücken. Falls schwergängig, handelsüblichen Bolzenausdrükker verwenden.

● ⚠ Kolbenbolzen keinesfalls mit Durchschlag austreiben, Pleuel ist schnell krummgeschlagen!

● Am Kolben für den späteren Einbau Einbaurichtung markieren.

● Kolbenringe mit beiden Daumen etwas aufweiten und über Kolben schieben. Ringe nicht zu weit aufbiegen, damit sie nicht deformiert werden oder brechen.

## 10.2 Prüfen und Vermessen

● Kolbenlauffläche darf keine Fress-Spuren oder Ausbrüche aufweisen.

● Zylinderdurchmesser 60 mm unter Oberkante in drei Richtungen messen (Bild 118). Grössten Wert notieren.

● Am Kolbenhemd 16 mm über Unterkante, im rechten Winkel zur Bolzenbohrung (Bild 119), Aussendurchmesser des Kolbens messen. Errechnetes Spiel des Kolbens im Zylinder soll 0,015 bis 0,040 mm betragen (Einbaumass). Verschleissgrenze 0,090 mm.

● Spiel zwischen Bolzen, Kolbenbolzenbohrung und oberem Pleuelauge «erfühlen».

● Bolzen leicht geölt in Bohrungen einschieben. Es darf kein Spiel spürbar und Bolzen muss frei beweglich sein.

● Verschleissgrenze Bolzen / Kolbenauge

0,050 mm.

● Kolbenringe einzeln in Zylinder schieben und 60 mm unter Zylinderoberkante waagrecht ausrichten. Mit Fühlerlehre Stoss-Spiel ausfühlen (Bild 120). Verschleissgrenze für alle Ringe: 1,0 mm.

● Mit Fühlerlehre Spiel zwischen Kolbenring und Ringnut ertasten (Bild 121); Verschleissgrenze 0,150 mm. Kolbenring muss frei, ohne zu klemmen, durchrollen.

**Bild 121**
Axialspiel der Kolbenringe ermitteln

## 10.3 Montage

● Kolbenringe gemäss Bild 122 am Kolben montieren (Hersteller-Markierung nach oben weisend), dabei Ringe nicht weiter als unbedingt nötig aufweiten, da sie leicht brechen. Kolbenringstösse um 120° versetzt anordnen (gleichmässig am Umfang verteilt).

● ⚠ Kolben mit Pfeil zur Auslass-Seite weisend montieren.

● Kolben auf Pleuel aufsetzen und Kolbenbolzen geölt einführen.

● Sicherungsringe (Neuteile!) in Nut einfedern.

● ⚠ Dichtflächen an Zylinderfuss und Motorgehäuse müssen öl- und fettfrei sein.

● Neue Fussdichtung auflegen.

● Kolben mit passenden Holzleisten «untermauern» und Zylinder gut geölt aufschieben, wobei Kolbenringe mit Kolbenringspannern oder Fingern zusammengedrückt werden (Bild 123). Dabei auf Behinderung durch Kettenspannerschiene achten.

● Zylinderbefestigungsschraube provisorisch locker anlegen.

● Steuerkette mit Magnetheber o. ä. durch Schacht hochziehen.

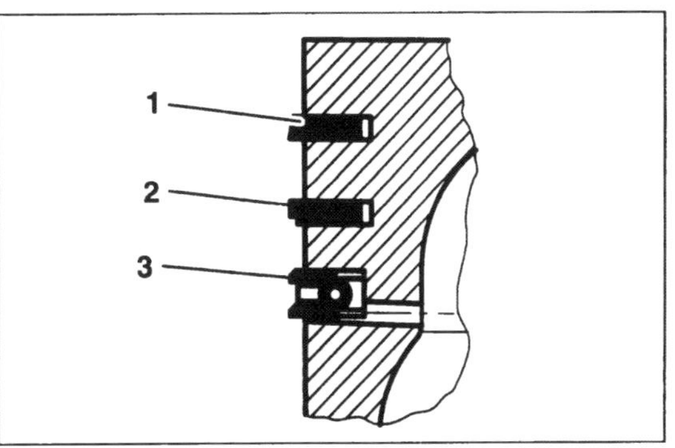


**Bild 122**
Einbaulage der Kolbenringe
1 Schwachminutenring
2 Nasenminutenring

3 GFSOE-Ring

**Bild 123**
Kolben «untermauern» und Zylinder aufschieben

● ⚠ Kurbelwelle nicht drehen und Steuerkette straff halten, damit sie sich nicht im Kurbelgehäuse verklemmt und über Spannerschiene festlegen.

# 11 Motor

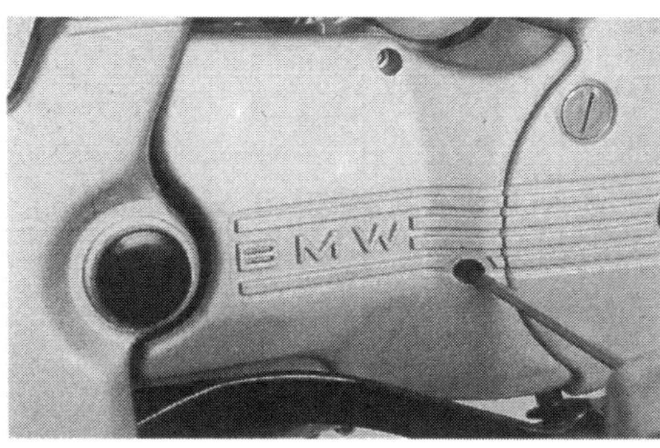


**Bild 124**
Ritzelabdeckung abnehmen

**Bild 125**
Seegerring ausfedern

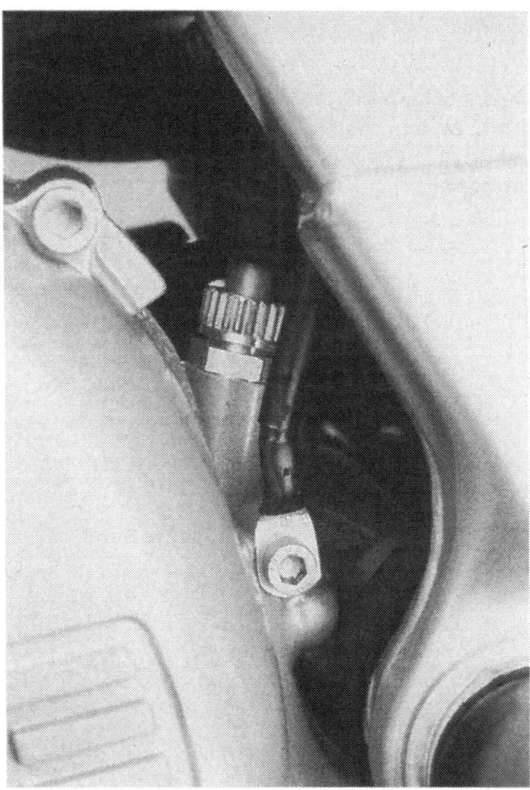

**Bild 126**
Drehzahlmesserwelle
und Motormassekabel lösen

## 11.1 Ausbau

Der Motor muss zum Ausbau von
→ Kurbelwelle und Pleuel
→ Getriebe
aus dem Rahmen ausgebaut werden.

- Motorausbau setzt voraus:
- Sitzbank, Tank und Seitenverkleidung abbauen (Kapitel 3.2).
- Ölablassen (Kapitel 3.10) und Zu- und Rücklaufschlauch abnehmen.
- Vergaserschlauchschellen zum Zylinderkopf hin lockern (Kapitel 4).
- Batterie ausbauen (Kapitel 3.18; Massekabel zuerst trennen).
- Kühlmittel ablassen (Kapitel 3.19) und Zu- und Rücklaufschlauch abnehmen.
- Auspuff-Anlage ausbauen (Bild 129).
- Steckkontakte der Leerlaufanzeige, Öldruckkontrolle, Zündimpulsgeber- und Generatorspulen lösen. Kabel freilegen.
- Elektrische Anschlüsse am Thermostatgehäuse trennen.
- Starter ausbauen (Kapitel 5).
- Kupplungsseilzug aushängen.

- **Motorritzel abnehmen:**
- Antriebskette auf grösstmöglichen Kettendurchhang einstellen (Kapitel 3.11).
- Ritzelabdeckung abnehmen (Bild 124).
- Seegerring ausfedern (Bild 125) und Ritzel samt Kette abnehmen.
- Motor-Massekabel und Drehzahlmesserwelle lösen (Bild 126).
- Hydraulischen Wagenheber oder andere einstellbare Stütze (mit Holzauflage!) am Motor anbringen, um Schraubverbindungen während des Entfernens zu entlasten.
- Maschine auf Hauptständer (so vorhanden) oder am Rahmen aufbocken.
- Zylinderkopfbefestigung am Rahmen abnehmen (Bild 98).
- Schwingachsmutter ① Bild 127 ausdrehen und Schwingachse herausziehen.
- Schraubverbindungen Rahmen/Motor (Bild 127) entfernen.
- Motor vorsichtig nach links aus Rahmen bugsieren.

## 11.2 Motoreinbau

● Motoreinbau erfolgt in umgekehrter Reihenfolge des Ausbaus, siehe oben.

● Motor mit hydraulischer Stütze auf Aufhängungspunkte ausrichten und Befestigungsschrauben einschieben.
●⚠ Motorbefestigungsmuttern sind selbstsichernd, d. h. zum einmaligen Gebrauch – deshalb nur Neuteile verwenden!
● Sämtliche Stecker wieder koppeln.
● Kühlmittel- und Ölschläuche wieder anbringen.
● Kühlmittel einfüllen, Seilzugeinstellung (Gas-, Choke- und Kupplung-), Leerlaufeinstellung und Einstellung der Brempedalhöhe gemäss Wartungskapitel vornehmen.
● Ritzel montieren (Bild 128):
● O-Ring ③ leicht geölt aufschieben.
● Ritzel (Absatz weist nach aussen!) gegen O-Ring drücken und Seegerring mit entsprechender Zange einfedern (Bild 125).
●⚠ Dabei darauf achten, dass Seegerring so wenig wie möglich aufgebogen wird und scharfe Kante des Seegerrings entgegen der Druckrichtung liegt, d. h. nach aussen weist!
Sitz des Seegerrings in seiner Nut rund herum kontrollieren!
● Auspuffanlage mit neuen Dichtungen montieren (Bild 129).
●⚠ Ölkreislauf entlüften wie im folgenden Kapitel beschrieben!

**Bild 127**
Motorbefestigungen
1 Schwingachsmutter

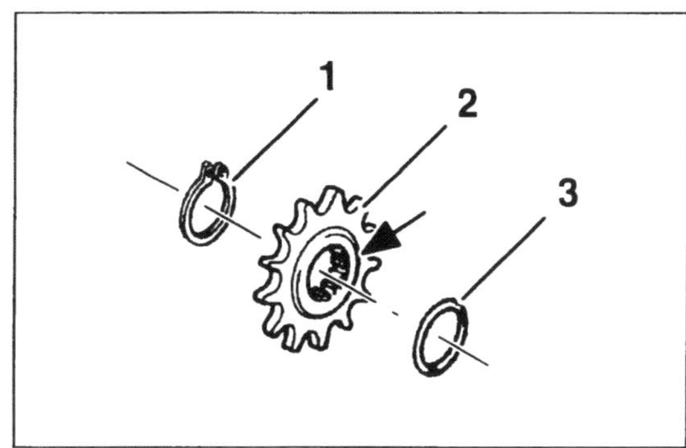


**Bild 128**
Ritzelbefestigung
1 Seegerring
2 Ritzel
3 O-Ring
Pfeil = Absatz

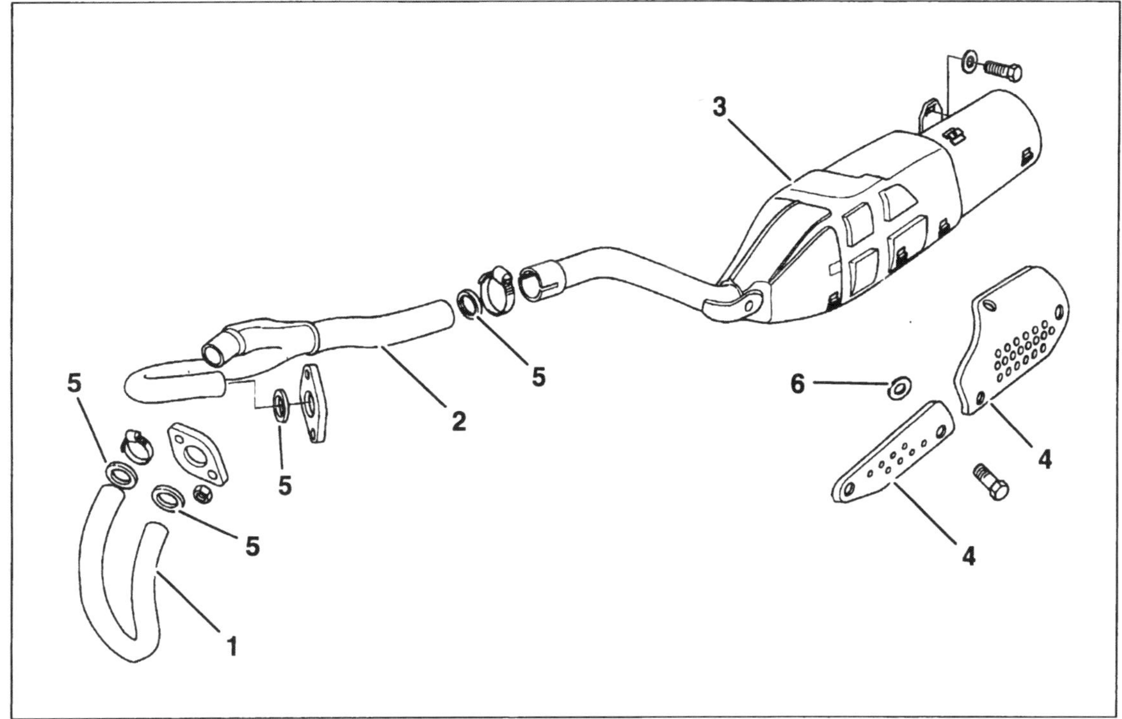


**Bild 129**
Auspuffanlage
1 Linker Krümmer
2 Rechter Krümmer
3 Schalldämpfer
4 Abdeckung
5 Dichtung
6 Isolierscheibe

## 11.3 Inbetriebnahme des überholten Motors

● Öltank befüllen und Ölfilter ausbauen.
● Druckhalteventil ausdrehen (Bild 130).
● Eine Zündkerze herausschrauben und Motor mit Starter durchdrehen, bis Öl im Filtergehäuse austritt.
● Druckhalteventil eindrehen (24 Nm) und Ölfilter einbauen.

**Bild 130**
Ölkreislauf entlüften

● Motor mit Starter durchdrehen, bis aus Rücklaufleitung im Öltank Öl austritt.
● Tank einbauen, Motor starten und einige Minuten laufen lassen, abstellen.
● Öl und Kühlflüssigkeit kontrollieren, gegebenenfalls nachfüllen.
● Alle nötigen Kontroll- und Einstellarbeiten an Vergaser-, Kupplungs- und Bremsbetätigung vor dem ersten Start durchführen.
● Es kann sein, dass Abgase des Motors in den ersten Minuten des Motorlaufs stark blaue Färbung haben, was auf Verbrennung desjenigen Motoröls zurückzuführen ist, das bei Montage des Motors aus Sicherheitsgründen in etwas reichlichem Masse beigegeben wurde. Also nicht von der beschriebenen Erscheinung beunruhigen lassen.
●⚠ Vor Teilnahme am öffentlichen Strassenverkehr Bremsen, Lichtanlage, Blinker, Kupplung und Gangschaltung auf Funktionstüchtigkeit prüfen.
●⚠ Die bei der Überholung des Motors neu eingebauten Motorenteile benötigen eine gewisse Einlaufzeit. Deshalb während der ersten 1000 km Fahrstrecke den Motor nicht im oberen Drehzahlbereich «jubeln» lassen, ihn aber auch nicht untertourig Steigungen «hinaufquälen».
● Nach etwa 1000 km Ventilspiel kontrollieren. Zylinderkopfmuttern auf richtiges Anzugsmoment kontrollieren und im Rahmen eines Ölwechsels neues Ölfilter spendieren.

# 12 Kurbelwelle

## 12.1 Ausbau

● Ausbau des Primärzahnrads siehe Kapitel 8.
● Motorgehäuse auf weiche Holzunterlage legen.
● Ölfilter ausbauen.
● Gehäuseschrauben (Bild 131) schrittweise über Kreuz ausdrehen.
● Gehäuse umdrehen und linke Gehäusehälfte von rechter abnehmen. Wellen bleiben in rechter Gehäusehälfte. Beim Abnehmen der linken Gehäusehälfte mit Gummihammer leicht auf Wellen schlagen, um Lösen der Gehäusehälfte zu erleichtern und damit Wellen in rechter Gehäusehälfte bleiben.
● ⚠ Nichts zwischen die Gehäusehälften stemmen und Gehäusehälften nicht verkanten – Beschädigung der Lagerschalen möglich!
● Kurbelwelle drehen, bis Markierungen wie in Bild 135 gezeigt fluchten und Spreizrad mit 8-mm-Stift blockieren (Bild 132).
● Zuerst Kurbelwelle, dann Ausgleichswelle entnehmen.
● ⚠ Auf Verbleib der Distanzscheiben achten!
● Falls Ausgleicherwelle bzw. deren Zahnrad defekt, in BMW-Werkstatt mit speziellen Abziehern zerlegen lassen. Bei defektem Zahnrad auch Antriebszahnrad auf Kurbelwelle erneuern lassen (Zahnräder grundsätzlich nur im Satz wechseln).

**Bild 131**
Motorgehäuseschrauben

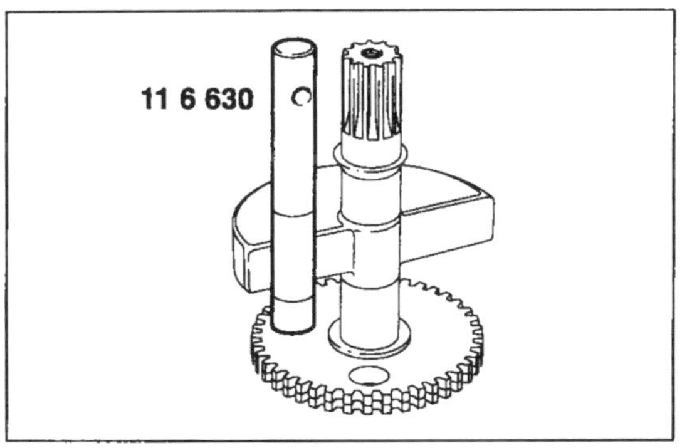


**Bild 132**
Spreizrad blockieren

**Bild 133**
Seitenspiel ermitteln

## 12.2 Prüfen und Vermessen

● Kurbelwelle in Prismenblöcken auf Gleitlagerflächen auflegen und mit Messuhr an Wellenzapfen Schlag messen. Dabei beachten, dass tatsächlicher Schlag nur der Hälfte des angezeigten Wertes entspricht. Verschleissgrenze an Generatorseite 0,05 mm, an Kupplungsseite 0,03 mm.
● Gleitlager im Motorgehäuse und Kurbelwellenlagerzapfen auf Beschädigungen, Ausbrüche und sonstige Fehler untersuchen.
● Mit Mikrometer Durchmesser an mehreren Stellen des Kurbelzapfens messen. Verschleissgrenze 47,975 mm.
● Mit Innentaster Innendurchmesser des Kurbelwellen-Gleitlagers im Gehäuse messen und Spiel ermitteln. Verschleissgrenze 0,10 mm. Falls Messwerte unter- bzw. überschritten, in BMW-Werkstatt neue Lager einsetzen lassen.
● Mit Fühlerlehre Spiel des Pleuels zwischen Hubscheiben (Axialspiel) messen (Bild 133). Verschleissgrenze 0,80 mm.
● Ausgleichsrad und Spreizrad soweit gegeneinander verdrehen, bis leichter Widerstand spürbar ist.
● Mit Mess-Schieber Mass «A» (Versatz

der Bohrungen) messen (Bild 134). Verschleissgrenze 6,2 mm. Gegebenenfalls Ausgleichsrad zerlegen und Federn ersetzen.

● Festsitz der Lager der Ausgleicherwelle im Gehäuse prüfen. Schadhafte Lager analog Bild 137 ersetzen. Neue Lager in angewärmtes Gehäuse (80 bis 100°C) einschlagen.

## 12.3 Montage

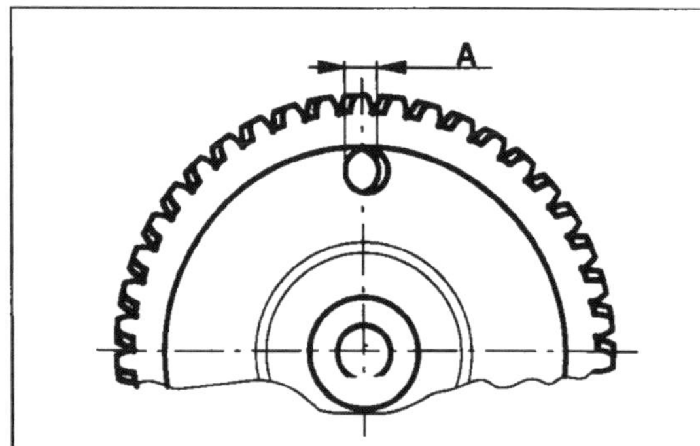


**Bild 134**
Versatz messen
A max. 6,2 mm

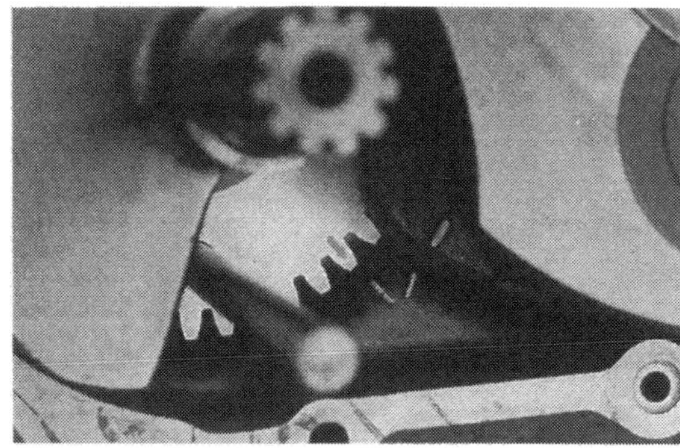

**Bild 135**
Markierungen müssen fluchten

● ⚠ Falls Gehäuse, Kurbel- oder Ausgleicherwelle ersetzt wurden, muss Kurbel- und Ausgleicherwelle neu ausdistanziert werden. Sollspiel 0,1 bis 0,3 mm (Mass der zusammengedrückten Dichtung berücksichtigen). Distanzscheiben nur auf Kupplungsseite auflegen (nicht 1-mm-Anlaufscheibe).

● Öldüsen und -Kanäle vor Montage auf freien Durchgang prüfen.

● Spreizrad wie in Bild 132 gezeigt mit 8-mm-Stift blockieren, Lagerzapfen mit Loctite Anti Seize bestreichen und in Lager einsetzen.

● Kurbelwellen-Anlaufscheibe (1 mm dick) geölt in Gehäuse einsetzen und sämtliche Lagerstellen ölen.

● Kurbelwelle so einsetzen, dass Markierungen der Ausgleicher- und Kurbelwelle wie in Bild 135 gezeigt fluchten.

● Anlauf- bzw. Distanzscheiben auf Ausgleicher- und Kurbelwelle geölt auflegen.

● Stift aus Spreizrad herausziehen und Dichtung auflegen.

● Linke Gehäusehälfte aufsetzen und verschrauben (Bild 131; 10 Nm).

● ⚠ Darauf achten, dass Schaltgabel-, Getriebewellen, Schaltwalze und besonders Kurbelwelle ohne zu verkanten in entsprechende Lager einspuren.

● ⚠ Falls sich Montage als schwierig erweist, Zusammenbau des Getriebes nochmal kontrollieren.

● Getriebe-Schaltbarkeit und freie Drehbarkeit der Getriebewellen in allen Gängen «trocken» kontrollieren. Wellen dabei von Hand drehen.

● Überstehende Dichtung abschneiden.

# 13 Getriebe

**Bild 136**
Getriebe
1 Schaltklinke
2 Schaltwelle
3 Schaltgabel-Schiene
4 Schaltwalze
5 Hauptwelle
6 Nebenwelle

## 13.1 Ausbau

- Schaltklinke ① Bild 136 nach unten drücken und Schaltwelle ② mit Schaltklinke herausziehen.
- Arretierungshebel der Schaltwalze mit Feder entnehmen.
- Schaltgabelschienen ③ herausziehen, Schaltgabeln nach aussen schwenken und entnehmen.
- Schaltwalze herausziehen.
- Losräder ③ und ④ Bild 141 von Hand abnehmen. Mit leichten Prellschlägen mit Gummihammer auf Haupt- und Nebenwelle Wellen herausziehen.
- Getriebewellen lassen sich mit kleinem Schraubendreher und Seegerringzange zerlegen.
- ⚠ Gebrauchte Seeger- oder Sicherungsringe zum Schrott geben. Bei Montage nur Neuteile verbauen (Pfennigartikel).
- Einzelteile in Reihenfolge des Ausbaus aufbewahren und notieren.
- Um Sicherungsring ⑥ Bild 141 (Neben- bzw. Ritzelwelle) ausbauen zu können, Sicherungsring

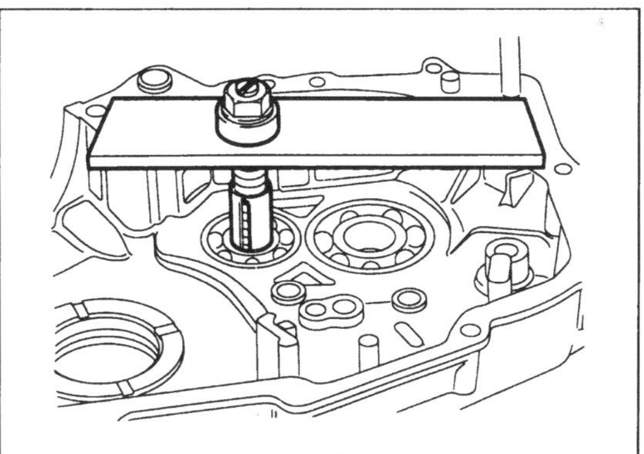

**Bild 137**
Kugellager ausbauen

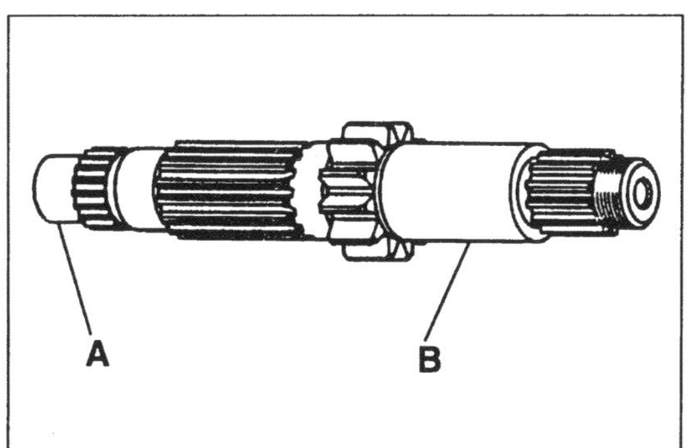


**Bild 138**
Hauptwelle auf Verschleiss prüfen
Verschleissmasse/Durchmesser:
A Generatorseite min. 16,98 mm
B Kupplungsseite min. 24,97 mm
Schlag max. 0,02 mm
Innendurchmesser Lagersitz Losrad 4. Gang max. 25,53 mm

(5) etwas zurückschieben, damit Winkelring (7) Sicherungsring (6) freigibt.

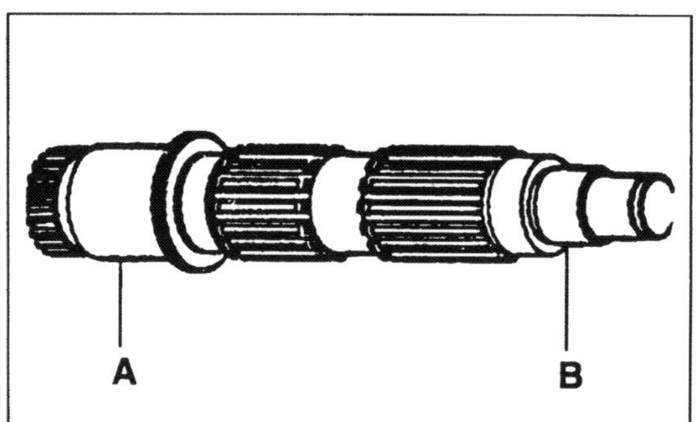

**Bild 139**
Nebenwelle auf Verschleiss prüfen
Verschleissmasse/Durchmesser:
A Generatorseite min. 24,98 mm
B Kupplungsseite min. 16,98 mm
Schlag max. 0,02 mm

## 13.2 Prüfen und Vermessen

● Lager von Hand drehen. Lager müssen leicht und geräuschlos laufen (Fingerprobe). Festsitz des Lagers im Gehäuse und Lagerinnenrings auf Welle prüfen. Gegebenenfalls Lager erneuern:

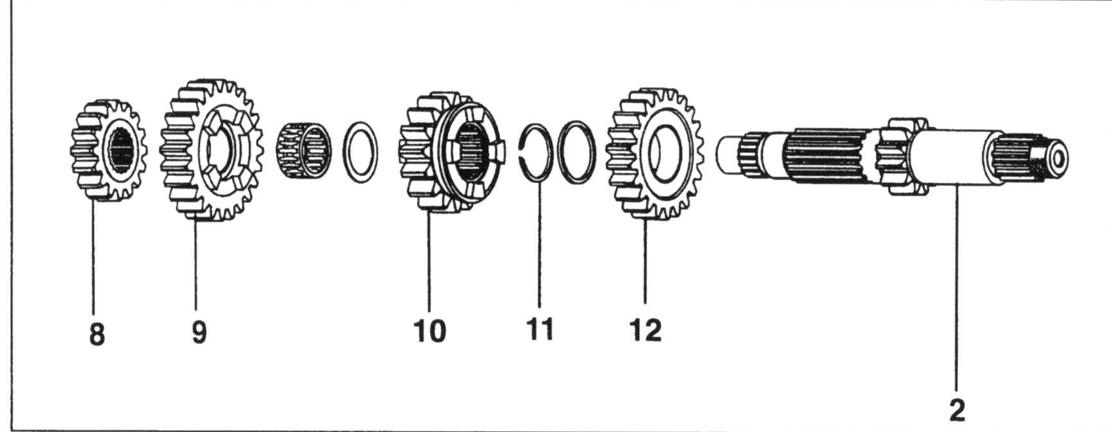


**Bild 140**
Hauptwelle
2 Hauptwelle
8 Zahnrad
9 Zahnrad
10 Zahnrad
11 Sicherungsring
12 Zahnrad

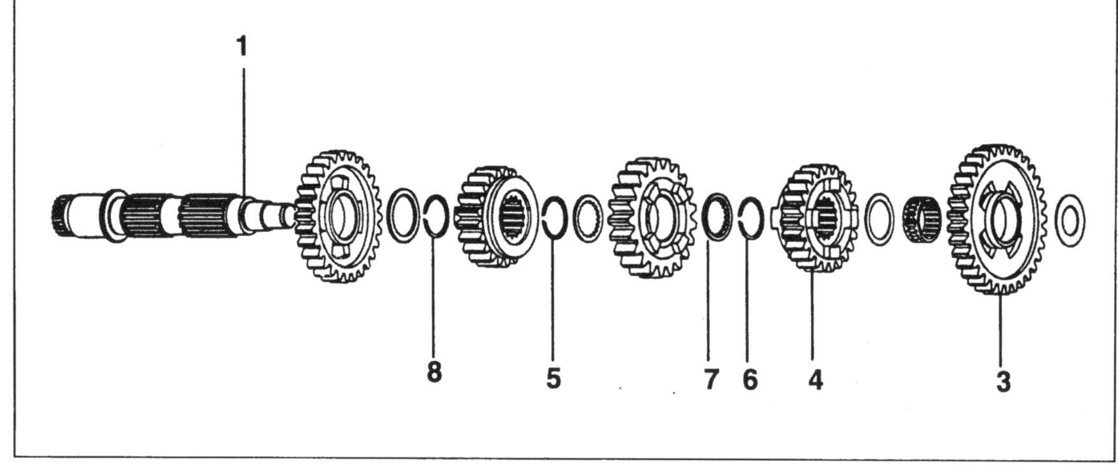


**Bild 141**
Nebenwelle
1 Nebenwelle
3 Zahnrad
4 Zahnrad
5 Sicherungsring
6 Sicherungsring
7 Winkelring
8 Sicherungsring

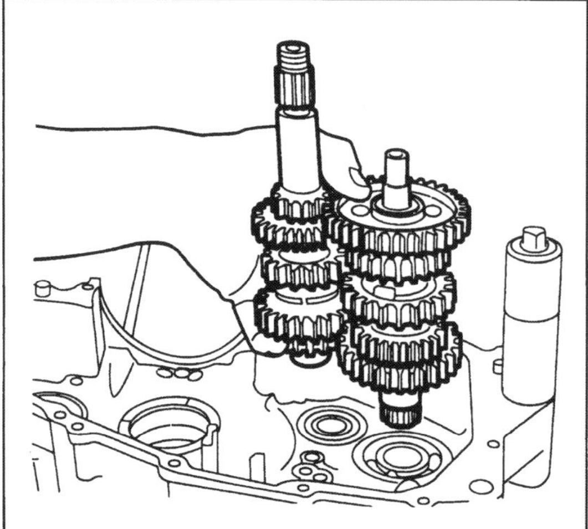

**Bild 142**
Wellen gemeinsam einsetzen

● Gehäuse im Ofen auf 80°C erwärmen.
● Alte Gehäusedichtung auflegen und Lager wie in Bild 137 gezeigt mit handelsüblichem Abzieher und Spreizhülse (Kukko z. B.) ausbauen.
● Zum Einbau der neuen Lager Gehäuse im Ofen auf 100°C erwärmen. Geschlossene Käfigseiten weisen nach aussen.
● Mitnehmerklauen, -löcher, Zähne der Zahnräder und Rillen der Schaltwalze auf Verschleiss oder Ausbrüche der Härteschichte untersuchen. Bei Beschädigung Zahnräder nur im Satz wechseln.
● Zahnräder auf gleichmässige Bewegung (axial und radial) prüfen.

● Nach Montage Spreng- und Seegerringe auf sauberen Sitz in ihren Nuten prüfen.
● Klauen und Mitnehmerstifte der Schaltgabeln auf blaue Anlaufstellen (Heisslauf), Abnutzung oder Beschädigung untersuchen.
● Schaltwalze auf Beschädigung (Anlaufstellen, Ausbrüche in Härteschicht) oder übermässigen Verschleiss untersuchen.
● Schaltgabelschiene auf Richtplatte auf Verbiegung prüfen. Verbogene Schienen nicht versuchen gerade zu richten, sondern ersetzen.
● Schaltgabeln müssen auf Schiene reibungslos laufen.
● Hauptwelle an den in Bild 138 angegebenen Stellen vermessen. Genauso Nebenwelle vermessen (Bild 139).

## 13.3 Montage

● Haupt- und Nebenwelle gemäss Bildern 140 und 141 zusammensetzen.
● ⚠ Alte Seeger- und Sicherungsringe nicht wiederverwenden, unbedingt Neuteile verbauen (Pfennigartikel!).
● ⚠ Beim Einbau neuer Sicherungsringe darauf achten, dass Ring beim Aufsetzen auf Welle nicht weiter aufgespreizt wird als unbedingt nötig und Ring einwandfrei in seiner Nut sitzt. Stossfugen auf Stege der Keilverzahnung ausrichten.
● ⚠ Beim Einbau neuer Sicherungsringe Einbaurichtung des Rings in bezug auf Axialdruckrichtung beachten (scharfe Kante entgegen der Druckrichtung).
● Reichlich $MoS_2$-Fett oder entsprechendes Produkt beigeben. Zahnräder auf Leichtgängigkeit und Bewegungsfreiheit auf Welle prüfen.
● Fertig vormontierte Wellen gemeinsam in Gehäuse einsetzen (Bild 142).
● Schaltwalze und Schaltwalzen-Arretierung einsetzen (Bild 143).
● Schaltwelle einsetzen. Dabei Schaltklinke ① Bild 136 nach unten drücken. Darauf achten dass Schenkelfeder ② Bild 144 beidseitig an Gehäusenase anliegt.
● Arretierungshebel und Schaltklinke auf einwandfreien Eingriff kontrollieren.
● Schaltgabeln gemäss Bild 145 an Zahnräder ansetzen. Stifte der Gabeln auf Schaltwalzen-Rillen ausrichten und Gabeln nach innen schwenken.
● Schaltgabelschienen geölt einschieben.
● Getriebe auf Schaltbarkeit aller Gänge kontrollieren. Dabei Wellen von Hand drehen.
● Schaltklinke muss sich in allen Gängen leicht von Schaltwalze abziehen lassen.
● Schalthebel langsam in «Leerlauf»-Stellung zurückschnappen lassen. Das Klicken des einschnappenden Arretierungshebels muss deutlich hörbar sein.
● Motorgehäuse schliessen wie in Kapitel 12.3 beschrieben.

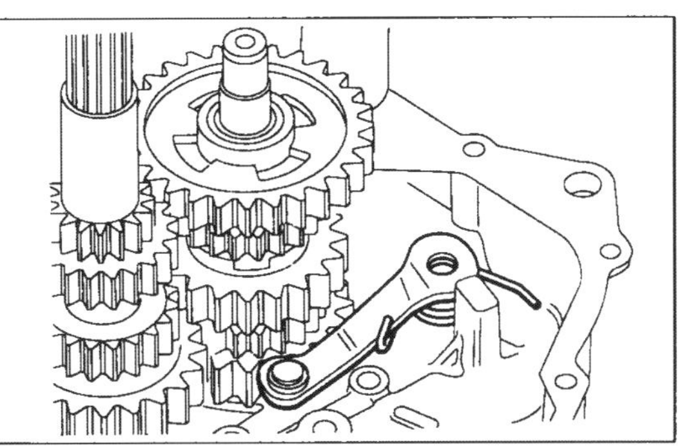
**Bild 143**
Schaltwalzen-Arretierung einsetzen

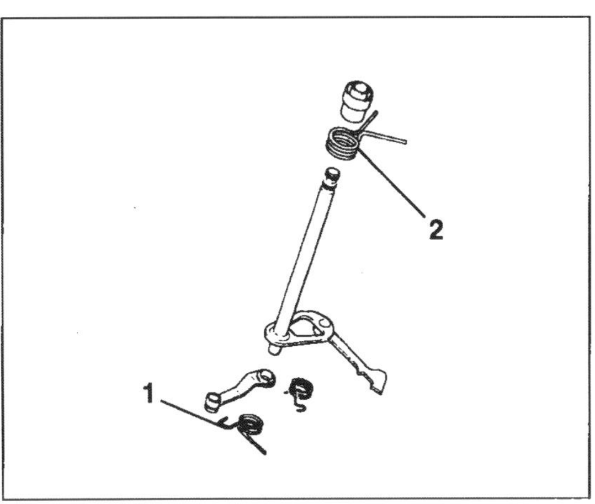

**Bild 144**
Schaltwelle
1 Arretierungsfeder
2 Schenkelfeder

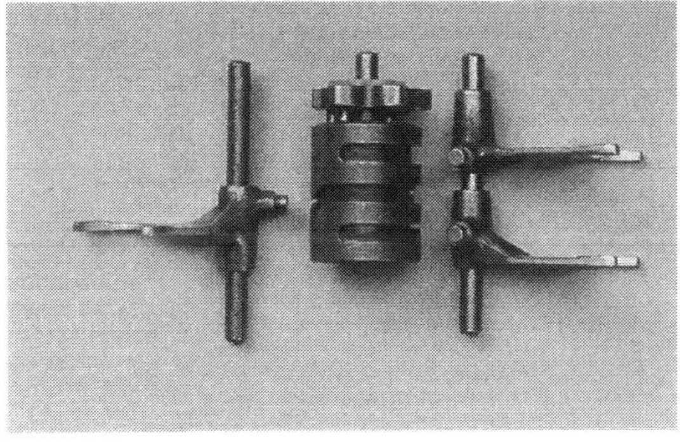
**Bild 145**
Einbaulage der Schaltwalze und -Gabeln

# 14 Frontpartie

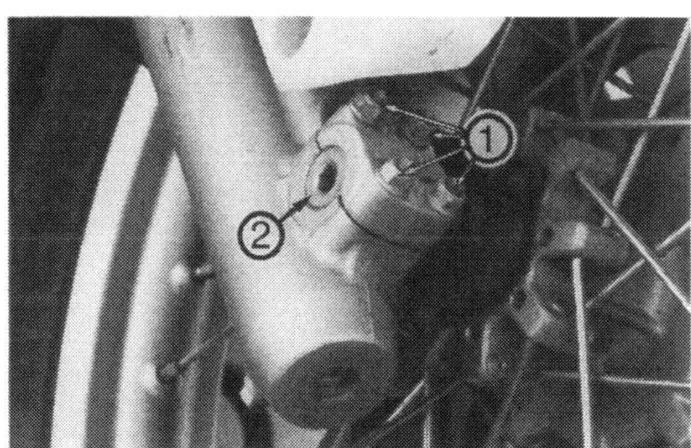


**Bild 146**
Vorderrad-Befestigung
1 Klemmuttern
2 Achse

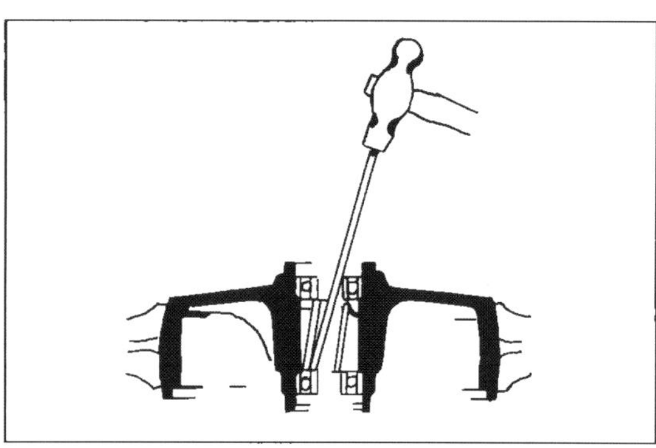

**Bild 147**
Radlager austreiben
(Prinzipdarstellung)

## 14.1 Ausbau

● Für sicheren Stand der Maschine sorgen und mit Kiste o. ä. so unterbauen, dass Maschine nicht unversehens nach vorn kippt und Vorderrad freikommt.

● Bremssattel muss zum Ausbau des Vorderrads nicht ausgebaut werden!

●⚠ Bremse bei ausgebautem Bremssattel oder ausgebautem Vorderrad nicht betätigen.

● Windleitstück (Bremssattelverkleidung) abnehmen. Bremsklötze gegebenenfalls wie in Kapitel 3.13 beschrieben ausbauen.

● Bremssattel nach Ausdrehen der Befestigungsschrauben ③ Bild 35 abnehmen.

● Vorderachse nach Ausdrehen der Achsklemmschrauben ① Bild 146 ausdrehen und Rad entnehmen. Auf Verbleib der Distanzhülse links und Tachoschnecke rechts achten.

● Bremsscheibe nach Lösen der sechs Befestigungsschrauben abnehmen.

● Rechts Wellendichtring mit kräftigem Schrau-

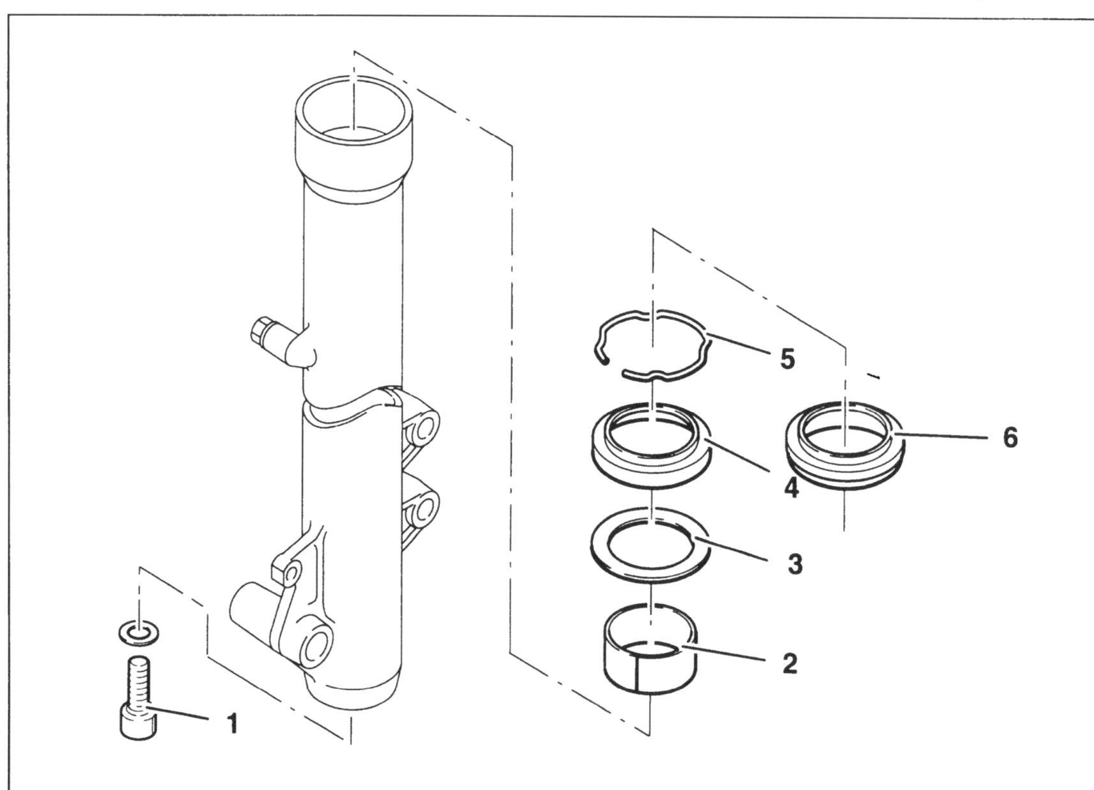


**Bild 148**
Tauchrohr
1 Untere Gabelverschluss-Schraube
2 Tauchrohrbuchse
3 Scheibe
4 Wellendichtring
5 Federsicherung
6 Staubdichtung

bendreher o. ä. aushebeln und Tacho-Mitnehmer entnehmen.

- Radlager wie in Bild 147 gezeigt schrittweise über Kreuz austreiben. Lager nicht verkanten, um Aufweiten der Lagersitze zu vermeiden.

**Teleskopgabel**

- Gabelbeine müssen zum Gabelölwechsel nicht ausgebaut werden (Kapitel 3.15).
- Motor-Seitenverkleidung, Windabweiser und Frontverkleidung mit Scheinwerfer abnehmen (Kapitel 3.2).
- An unterer Gabelbrücke Halterung der Bremsleitung lösen.
- Bremsleitung und Tachowelle aus Bügel herausführen.
- Vorderrad-Abdeckung ausbauen.
- TIP Bevor Gabelbein aus Gabelbrücken herausgezogen wird, obere Klemmschraube ② Bild 39, Seite 22, lockern, anschliessend obere Gabelverschluss-Schraube ① lockern.
- Gabelbrücken-Klemmung oben und unten (Bild 39) lockern und Gabelbein nach unten herausführen.
- Obere Gabelverschluss-Schraube ausdrehen. Vorsicht, Stopfen steht unter Federdruck.
- ⚠ Auffanggefäss bereitstellen und Gabelöl durch Pumpen herausbefördern.
- Staubdichtung ⑥ Bild 148 und Anschlagfederring ⑤ aus Sitz aushebeln.
- Untere Gabelverschluss-Schraube ① (Innensechskant SW 6) ausdrehen.
- Tauchrohr gut geschützt in Schraubstock spannen und Standrohr nach dem Ziehhammer-Prinzip samt Wellendichtring, Sitzring und Tauchrohr-Buchse ausziehen.
- Gleitbuchsen von Stand- und Tauchrohr lassen sich leicht von Hand demontieren (Bild 149), ist jedoch zur Sichtprüfung nicht nötig.

**Lenkkopflager**

- Stecker von Hupe und Zündschloss trennen.
- Obere Gabelbrücke nach Ausdrehen der Lenkschaftgegenmutter ③ Bild 39 abnehmen.
- Einstellmutter ④ ausdrehen und untere Gabelbrücke/Lenkschaftrohr nach unten herausführen.
- Lagerlaufkörper/oben entnehmen.
- Lagerlaufringe wie in Bild 150 gezeigt austreiben. Schrittweise über Kreuz austreiben damit Lagersitz nicht aufgeweitet wird.
- Laufring auf unterer Gabelbrücke mit Meissel vom Sitz treiben (Bild 151).

## 14.2 Prüfen und Vermessen

**Lenkkopflager**

- Lenkkopflager auswechseln, wenn sie

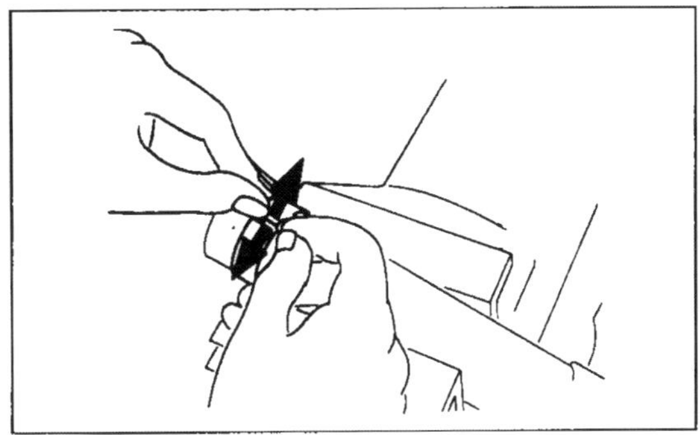

**Bild 149**
Standrohrbuchse abnehmen

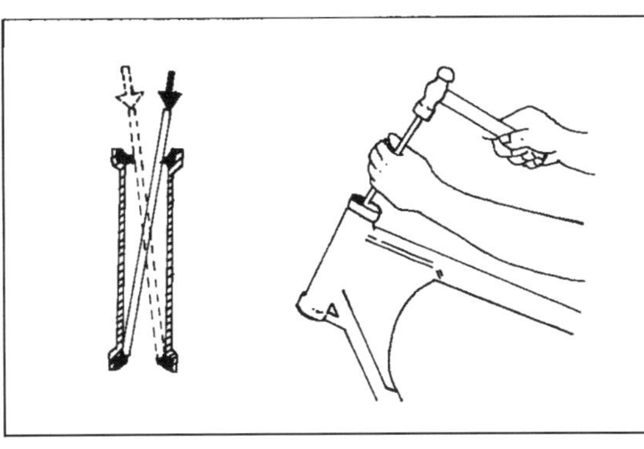

**Bild 150**
Lager austreiben

**Bild 151**
Lagerschale von unterer Gabelbrücke austreiben

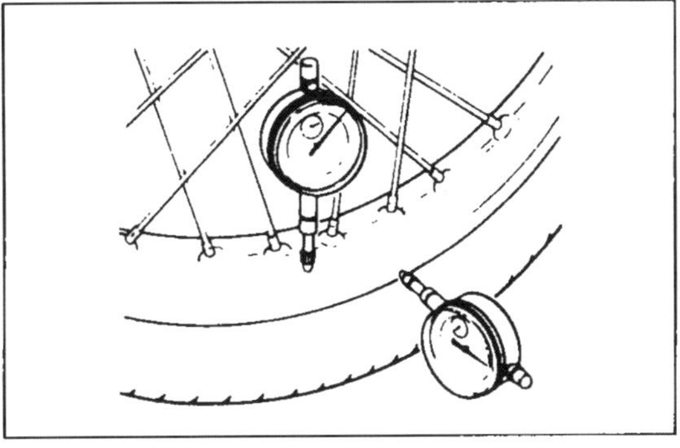

**Bild 152**
Radschlag messen

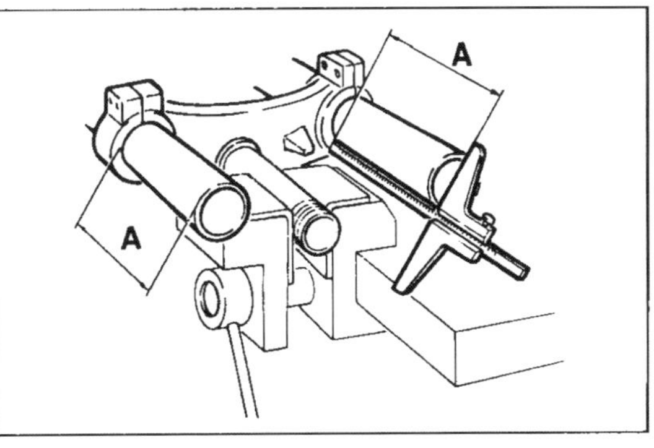


**Bild 153**
Standrohre einschieben
A 213 mm

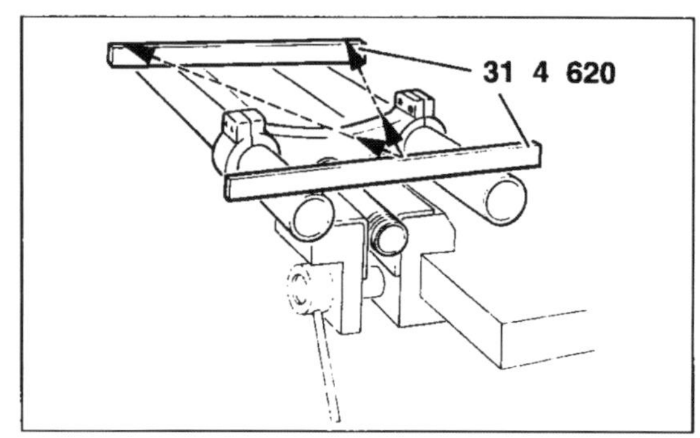


**Bild 154**
Durch Visieren Verzug feststellen

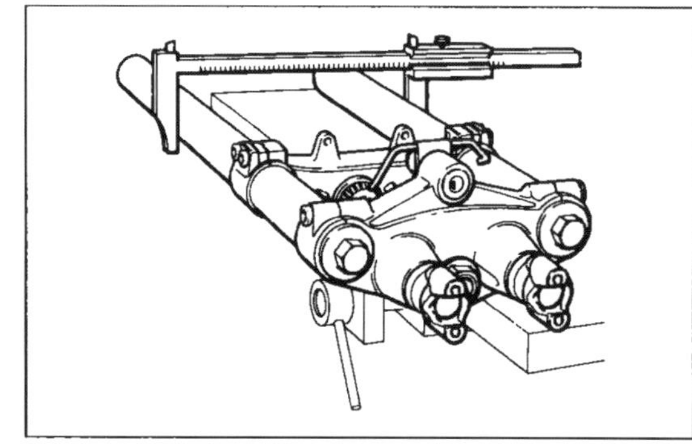

**Bild 155**
Parallelität prüfen

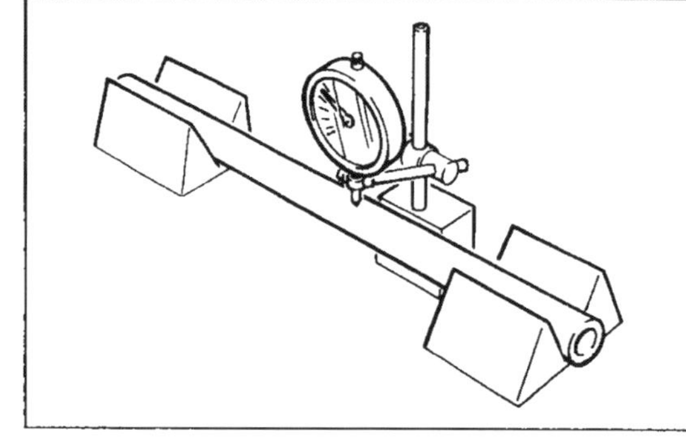

**Bild 156**
Schlag messen

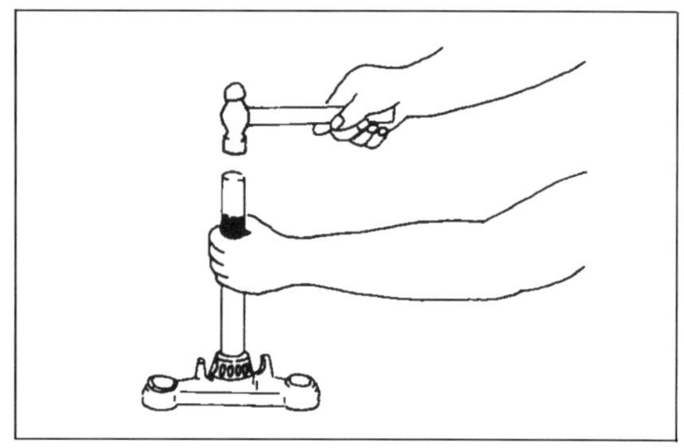

**Bild 157**
Lager eintreiben

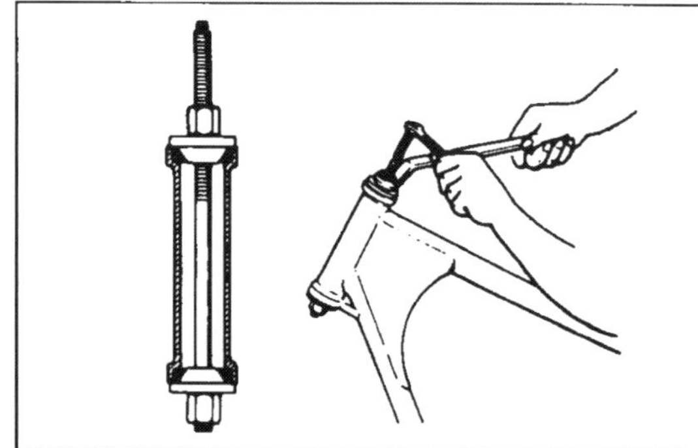

**Bild 158**
Lager einziehen

nicht absolut ruhig laufen oder «Rastung» aufweisen. Siehe Kapitel 3.16, Seite 22.

**Laufrad**

● Achse auf Messplatte rollen, um Schlag zu prüfen (Achse muss frei rollen).

● Auf Zentrierständer Radunwucht feststellen (einen solchen Stützbock kann man leicht improvisieren oder selbst herstellen. Ein stabiler Schraubstock reicht oft schon aus, um verschraubte Radachse einzuspannen). Wuchtung des Rades nach jedem Reifenwechsel prüfen. Reifen so montieren, dass Ausgleichsmarke-Farbpunkt auf der Reifenflanke – genau in Höhe des Ventils steht. Am Vorderrad maximal 70 Gramm Wuchtgewicht (Hinterrad 60 Gramm) anbringen.

● Räder auf Zentrierständer lagern, Seiten- und Höhenschlag mit Messuhr prüfen (Bild 152). Verschleissgrenze jeweils 2,0 mm. Unrund laufende Räder in Fachwerkstatt richten lassen.

● Innenlaufringe der Radlager mit Finger auf einwandfreien und geräuschlosen Lauf prüfen. Aussenlaufring muss fest in der Nabe sitzen.

**Teleskopgabel und Gabelbrücken**

● Freie Länge der Gabelfeder messen. Sollwert: 527 mm.

● Einzelteile der Gabel auf Kratzer, Riefen oder anomalen Verschleiss untersuchen. Nylon-Kolbenring des Dämpferkolbens bei starker Abnutzung auswechseln.

● Gleitbuchsen von Tauch- und Standrohr auswechseln, wenn Kupferfläche ¾ der Fläche einnimmt.

● Untere Gabelbrücke am Lenkrohr mit Schutzbacken (!) in Schraubstock einspannen und **neue** Gabelstandrohre 213 mm (Mass «A» Bild 153) tief in Gabelbrücke einschieben.

● Zwei geschliffene Messlineale am unteren und oberen Ende der Standrohre auflegen und durch Visieren möglichen Verzug feststellen (Bild 154).

● ⚠ Verzogene Gabelbrücken nicht versuchen zu richten (Dauerbruchgefahr), sondern ersetzen.

● Obere Gabelbrücke einbauen. Dabei muss sich Gabelbrücke leicht auf Standrohre aufschieben lassen!

● Parallelität der Standrohre mit Mess-Schieber prüfen (Bild 155).

● Standrohr zu Lenkrohr durch Visieren auf Flucht prüfen.

● Standrohr in Prismen legen und Schlag messen (Bild 156), Verschleissgrenze 0,1 mm. Dabei beachten, dass tatsächlicher Schlag der Hälfte des gemessenen Wertes entspricht!

● ⚠ Verzogene Standrohre nicht versuchen zu richten, sondern ersetzen.

**Bremsanlage**

● Verschmutzte Bremsklötze reduzieren die Bremswirkung, deshalb wegwerfen.

● [Sichtprüfung] Bremsklötze austauschen, wenn Verschleissgrenze erreicht ist. Siehe Kapitel 3.13, Seite 21.

● Verschmierte Bremsscheiben mit hochwertigem Entfettungsmittel reinigen.

● [Messen] Stärke der Bremsscheiben mit Mikrometer messen. Verschleissgrenze: 4,5 mm.

● [Messen] Messuhr bei eingebautem Rad an Radachse befestigen (oder wie Felgenschlag messen) und Verzug an der Bremsscheibe messen. Verschleissgrenze 0,25 mm.

## 14.3 Montage

**Lenkkopflager**

● Unteren Lagerlaufring samt Staubdichtung auf Lenkerschaftrohr mit passendem Rohrstück auftreiben (Bild 157).

● TIP Erwärmen des Laufrings auf ca. 100° C erleichtert Aufschieben.

● In oberen und unteren Lenkkopflagersitz Lagerschale mit passendem Rundmaterial eintreiben. Darauf achten, dass Lagerschale nicht verkantet und so Lagersitz aufweitet. Besser Lager mit Gewindestange einziehen wie in Bild 158 gezeigt.

● Untere Gabelbrücke / Lenkschaftrohr von unten in Lenkkopf einführen.

● Oberen Lagerlaufkörper gefettet einlegen. Staubschutzdeckel auflegen.

● Nutmutter mit 50 Nm anziehen, damit sich Lagerschalen setzen. Lenkschaftrohr mehrmals von Anschlag zu Anschlag schwenken. Anschliessend Nutmutter wieder lösen. Nutmutter spielfrei und locker anlegen. Anzugsmoment: 3 Nm.

● Obere Gabelbrücke und Gabelstandrohre provisorisch montieren.

● Lenkkopflager-Einstellung gemäss Kapitel 3.16, Seite 22, kontrollieren.

**Teleskopgabel**

● Einzelteile der Gabel, insbesondere Wellen- und Staubdichtringe, mit sauberem Gabelöl anfeuchten.

● Standrohrbuchse von Hand auf Standrohr aufschieben (Bild 149). Gleitflächen nicht verkratzen!

● Dämpferstange ① Bild 159 mit Kolbenring und Rückprallfeder durch Standrohr durchschieben.

● Öldichtstück ④ an Dämpferstange anbringen.

● Standrohr mit Dämpferstange wie oben bestückt in Tauchrohr einführen.

● Untere Gabelverschluss-Schraube ① Bild 148 mit flüssiger Schraubensicherung und neuem Kupferdichtring eindrehen (23 Nm).

● Tauchrohrbuchse ② Bild 148 mit Scheibe ③ schrittweise über Kreuz mit langem dünnen Durchschlag eintreiben. Dabei Gleitfläche des Standrohrs nicht beschädigen!

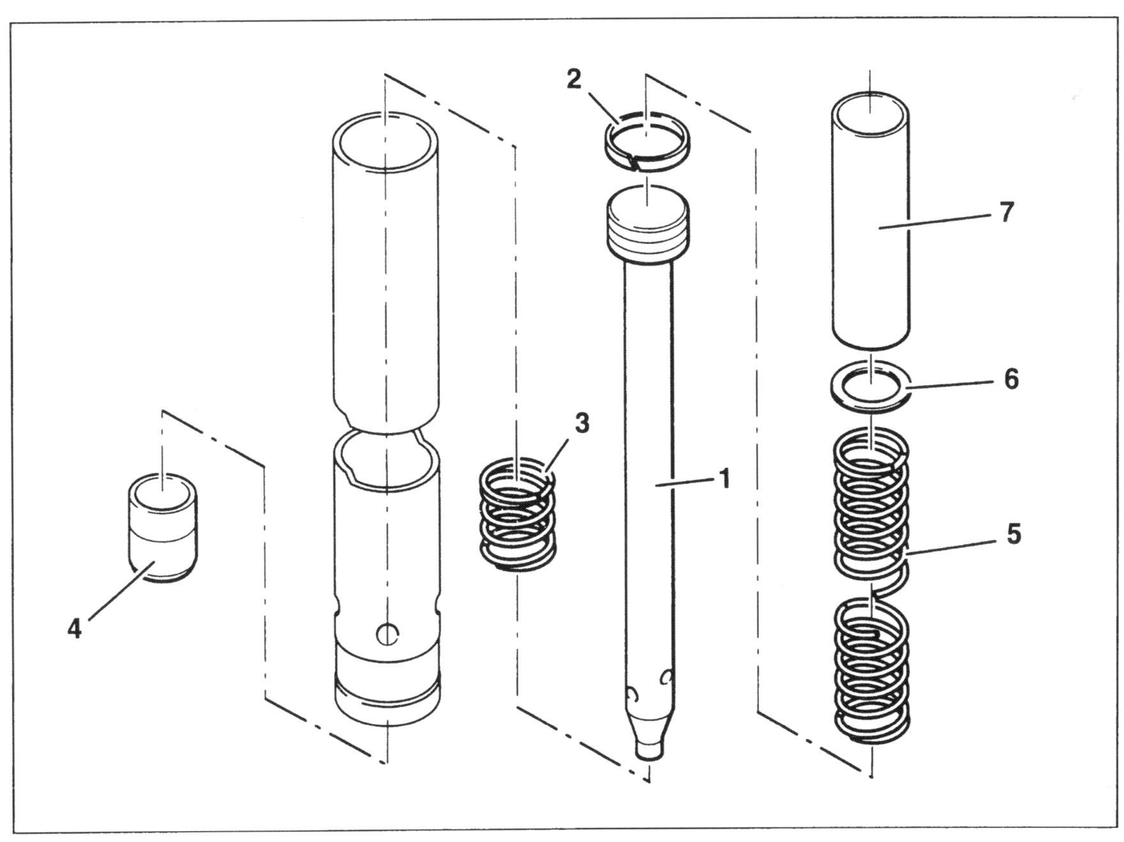


**Bild 159**
Standrohr
1 Dämpferstange
2 Kolbenring
3 Rückprallfeder
4 Führungsstück
5 Tragfeder
6 Scheibe
7 Distanzhülse

● Wellendichtring mit Gabelöl anfeuchten und mit Beschriftung nach oben entweder mit passendem Rohrmaterial oder schrittweise über Kreuz mit langem Dorn eintreiben.

● Anschlagring in Nut des Gleitrohrs einsetzen und auf einwandfreien Sitz in Nut achten. Staubdichtung einsetzen.

● Standrohr bis zum Anschlag in Gleitrohr ein-

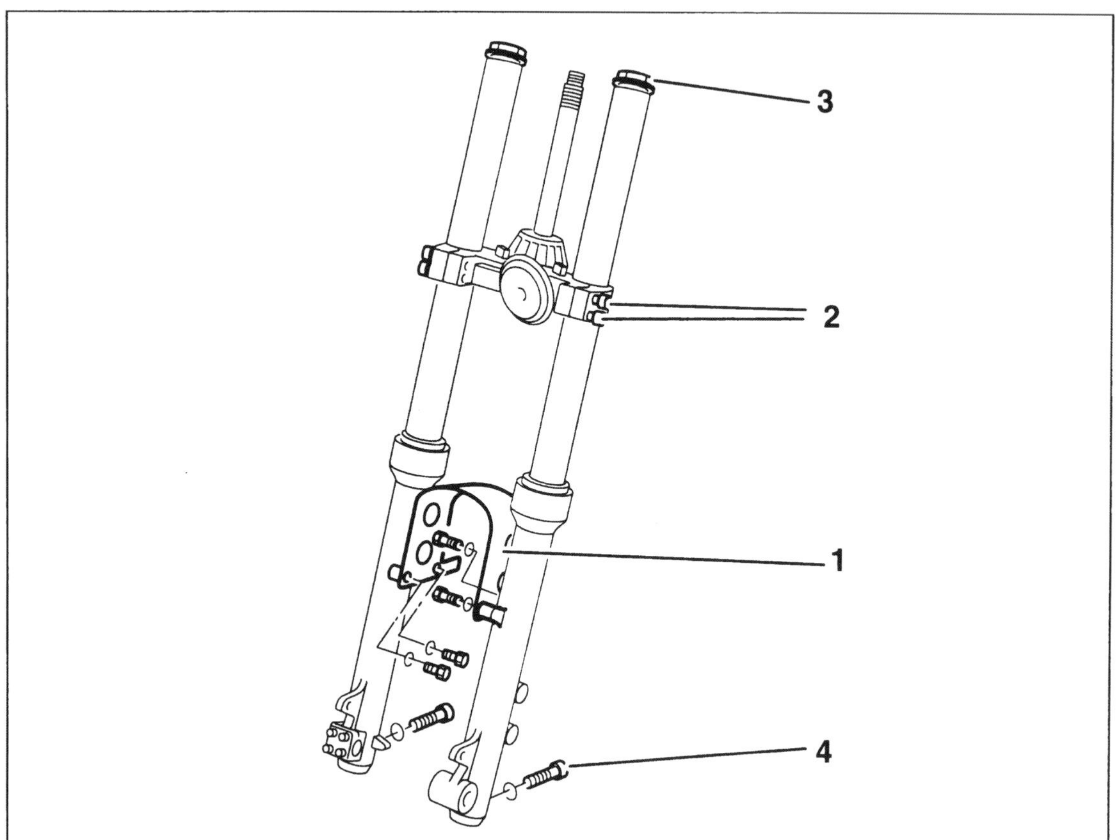


**Bild 160**
Teleskopgabel
1 Verstärkung
2 Klemmschrauben
3 Obere Gabelverschluss-Schraube
4 Ölablass-Schraube

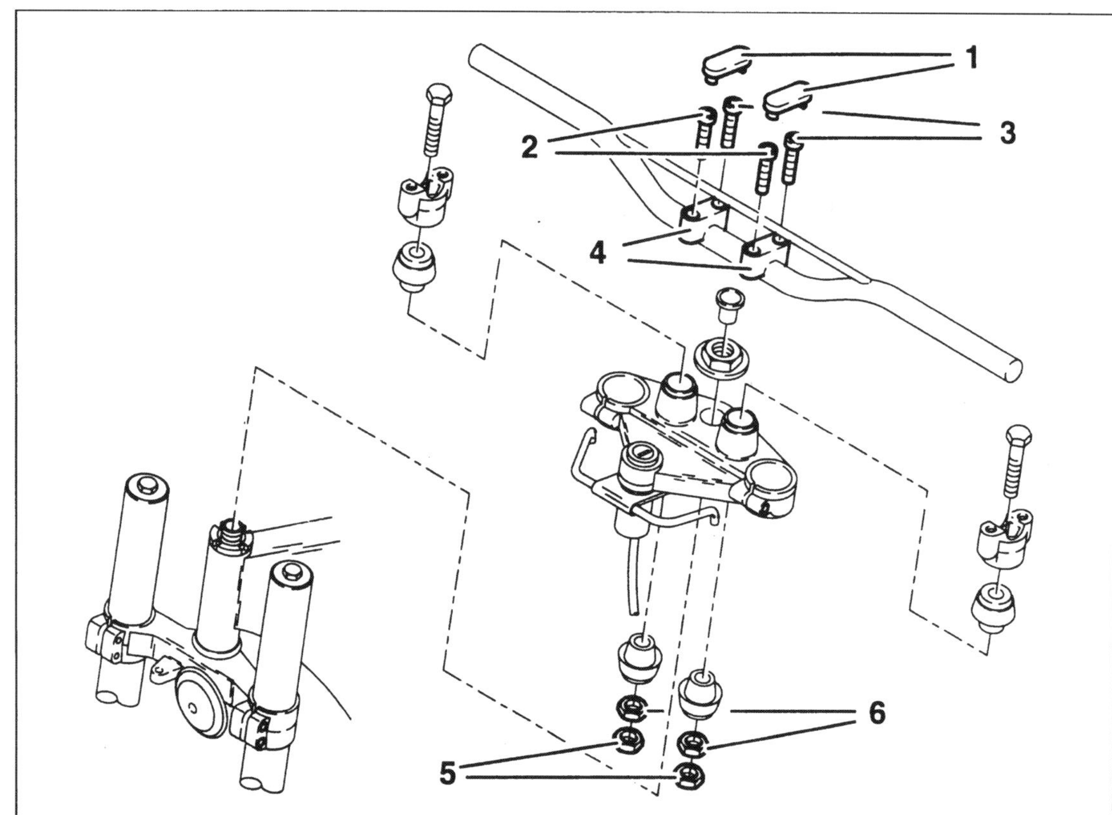


**Bild 161**
Obere Gabelbrücke und Lenker
1 Abdeckungen
2 Klemmschrauben (25 Nm)
3 Klemmschrauben (25 Nm)
4 Klemmböcke
5 Gegenmuttern (50 Nm)
6 Befestigungsmuttern (10 Nm)

schieben und Gabelholme mit Gabelöl befüllen. Standard-Einfüllmenge je Holm: 600 $cm^3$; 10er Viskosität.

● Standrohr einige Male auf- und abpumpen, um Dämpfer zu entlüften. Gabel zusammenschieben und Ölstand von Rohroberkante messen. Unbedingt darauf achten, dass Ölstand in beiden Gabelbeinen gleich ist.

● Gabelfeder (5), Federsitz (6) und Distanzhülse (7) Bild 159 in Standrohr einführen.

● Obere Gabelverschluss-Schraube mit einwandfreiem, geöltem O-Ring handfest eindrehen. Endanzug bei eingebauten Gabelbeinen vornehmen.

● Standrohr unter gleichzeitigem Drehen durch Gabelbrücken schieben.

● Beide Gabel-Standrohre müssen 3 mm über Gabelbrücke überstehen.

● Obere und untere Gabelklemmschrauben anziehen.

● Jetzt obere Gabelverschluss-Schraube anziehen (25 Nm).

● Radabdeckung und Lenker (Bild 161) montieren.

● Lenkerklemmböcke (4) Bild 161 so montieren, dass Pfeile in Fahrtrichtung weisen.

● Lenker ausrichten. Zuerst Schrauben (2) (vordere) anziehen (25 Nm), dann hintere (25 Nm).

● Lenklagerspiel kontrollieren.

**Laufrad (Bild 162)**

● ⚠ Auf keinen Fall einmal ausgebaute Radlager wieder einbauen, grundsätzlich Neuteile verwenden.

● TIP Erwärmen der Nabe auf ca. 100°C erleichtert das Eintreiben der Lager (Lager «schlüpfen» fast von selbst in Lagersitz). Vor Erwärmen der Nabe Bremsscheibe demontieren.

● Lagerhohlräume des linken Lagers (1) mit Fett füllen und mit passendem Dorn oder Nuss am Aussenring so eintreiben, dass abgedichtete Seite aussen liegt. Beim Eintreiben sorgfältig darauf achten, dass Lager nicht verkantet, und sichergehen, dass es vollkommen aufsitzt.

● ⚠ Lager nur am Lageraussenring nachsetzen!

● Distanzhülse in Radnabe einsetzen und rechtes Lager so einziehen (abgedichtete Seite nach aussen), dass Lager auf Distanzstück aufsitzt.

● ⚠ Auf genaue Flucht der Distanzhülse achten, eventuell Achse provisorisch einschieben.

Tachomitnehmer (4) einsetzen und Wellendichtring (Beschriftung weist nach aussen) mit gefetteter Dichtlippe eintreiben.

● Rad zwischen Gabelbeine einsetzen. Dabei Bremsscheibe vorsichtig in Bremssattel einfädeln.

● Tachoschnecke (rechts) und Distanzstück (links) ansetzen und Achse (leicht gefettet) von rechts in Gabel und Radnabe einschieben.

● Achse festziehen (80 Nm) anziehen.

● ⚠ Falls Achsklemmstück ausgebaut wurde, Klemmstück so anbringen, dass Pfeil nach oben zeigt.

● Zuerst nur obere Klemm-Muttern anziehen (12 Nm), dann Frontpartie 3 bis 4 mal «zusamenstauchen» (dabei nicht mit Bremse blockieren, sondern gegen Mauer o. ä. drücken), dann untere Klemm-Muttern anziehen (12 Nm).

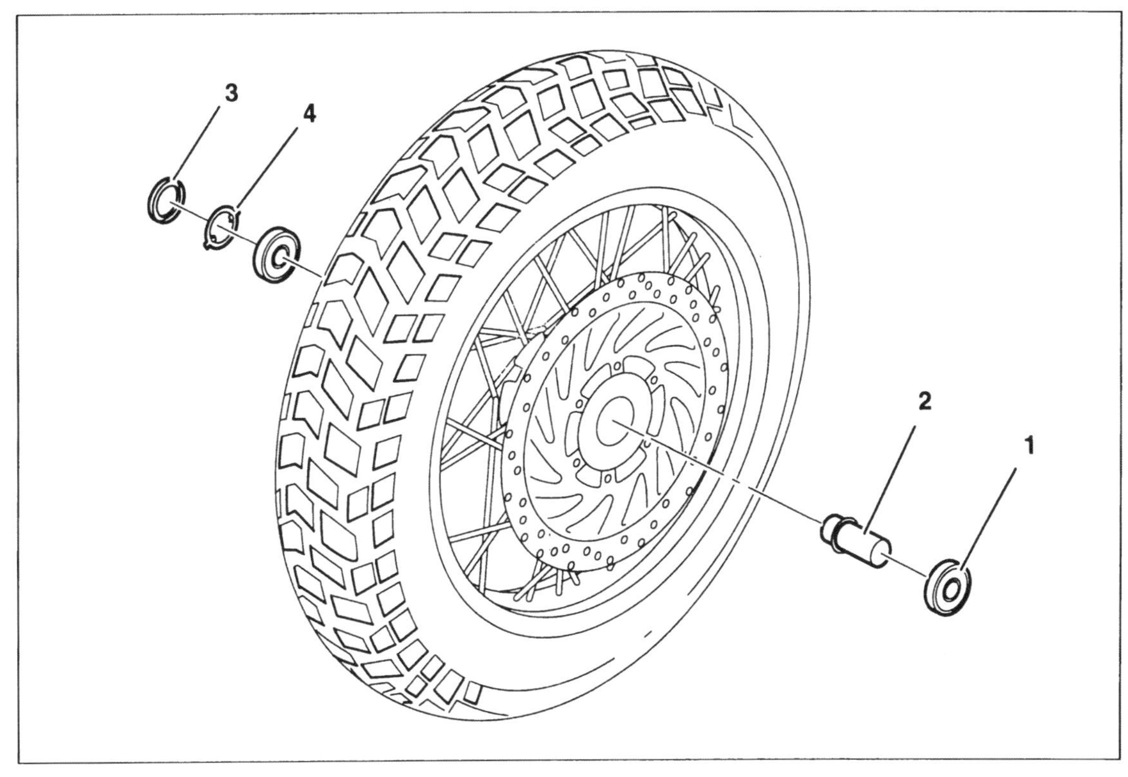


**Bild 162**
Vorderrad
1 Lager
2 Distanzhülse
3 Wellendichtring
4 Tacho-Mitnehmer

# 15 Heckpartie

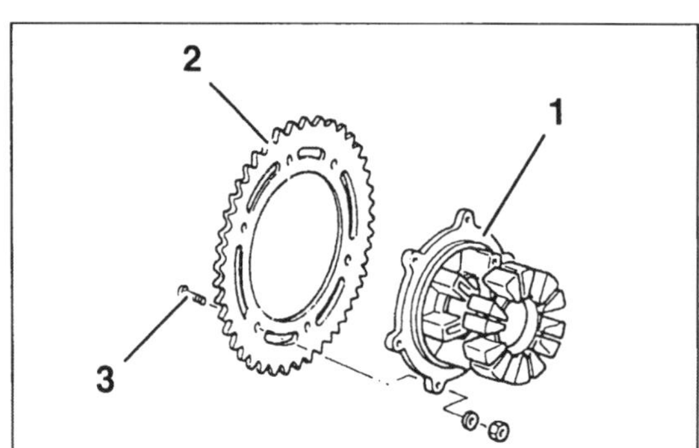


**Bild 163**
Hinterrad-Antriebsdämpfer
1 Dämpfergehäuse
2 Kettenblatt
3 Befestigungsschraube

## 15.1 Ausbau

● ⚠ Maschine sicher aufbocken (Hinterrad frei).
● Mittelteil der Heckschürze abnehmen.
● Achsmutter ausdrehen, Achse herausziehen, Kette vom Kettenblatt abnehmen und Rad nach hinten aus Schwinge nehmen.
● Kettenblatt-Träger ① Bild 163 aus Radnabe herausnehmen und Befestigungsschrauben des Kettenblatts ausdrehen. Kettenblatt abnehmen.

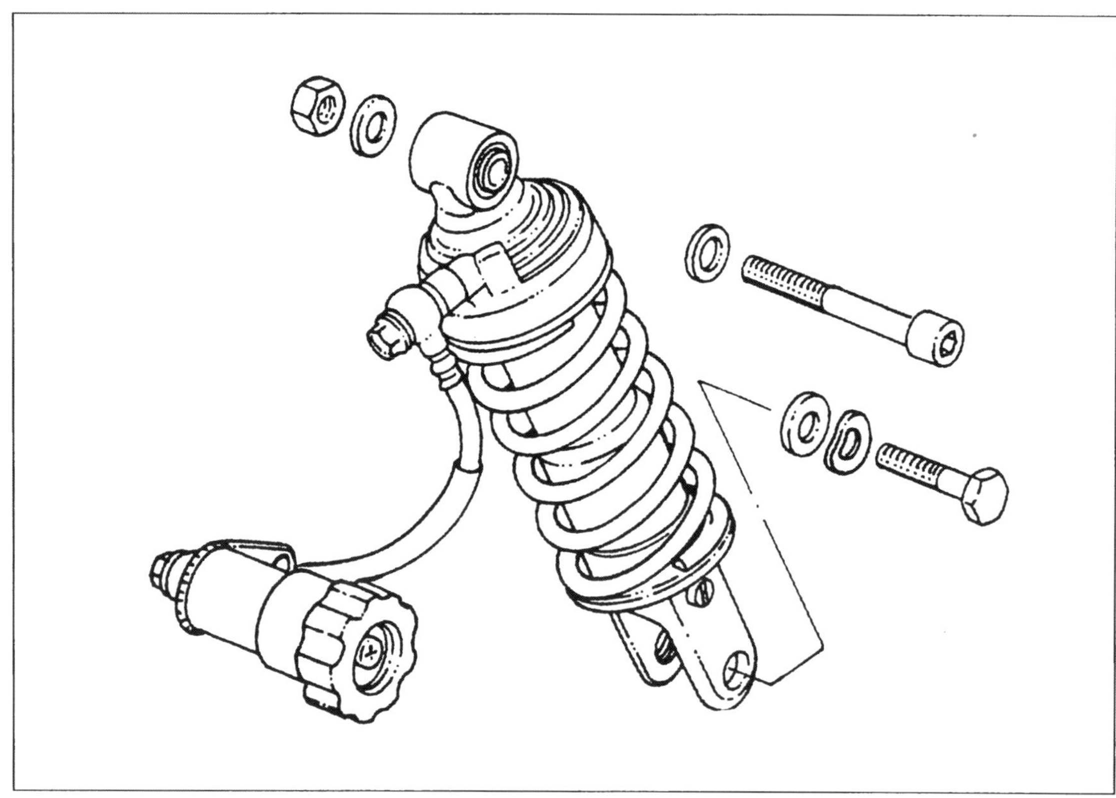

**Bild 164**
Federbein

**Bild 165**
Federhebelei
1 50 Nm
2 30 Nm
3 50 Nm
4 80 Nm

● Vor Ausbau der Lager in Radnabe und Kettenblatt-Träger, Seegerringe Bild 167 ausfedern.
● Radlager wie am Vorderrad beschrieben (Kapitel 14.1) ausbauen.
● Federbein ausbauen:
● Sitzbank, Blende links und rechts abnhemen.
● Einstellvorrichtung (Handrad) vom Rahmen lösen
● Zugstrebe an Umlenkhebel lösen (Verbindung ④ Bild 165).
● Schwinge leicht anheben und Federbein vom

Unlenkhebel lösen (Verbindung ② Bild 165).

● Federbein von oberer Rahmenbefestigung lösen.

● Schwinge ganz nach oben anheben und Federbein vorsichtig nach unten herausnehmen.

● Bremsleitungsklemmen öffnen und Bremsleitung freilegen.

● Mutter ① Bild 166 ausdrehen und Schwingachse herausziehen.

● Schwinge nach hinten aus Rahmen führen.

● Lager zwecks Lagersitzschonung im Fachbetrieb mit genau passenden Dornen und hydraulischer Presse ausbauen lassen.

## 15.2 Prüfen und Vermessen

● Hinterrad-Federung in montiertem Zustand wie im Kapitel 3.16 beschrieben prüfen.

● In montiertem Zustand durch Einfedern des Hecks Dämpfwirkung prüfen.

● Rad- und Schwingenlager müssen bei Fingerprobe gleichmässig geräuschlos laufen.

● Dämpferstange des Federbeins auf Ölaustritt absuchen (→ undichte Dichtringe).

● Schwinge und Federhebelei auf Verzug oder Risse prüfen.

● Hülsen müssen in Nadelkörben ohne Widerstand spielfrei laufen.

● Sämtliche Staubdichtungen der Schwingenlagerung auf Beschädigung überprüfen.

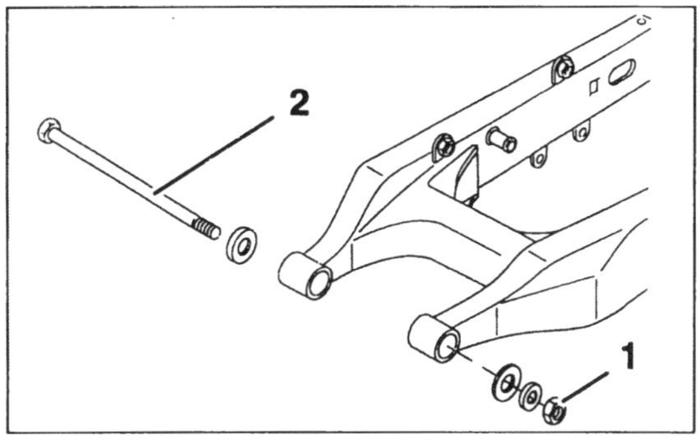


**Bild 166**
Schwingenbefestigung
1 Mutter (100 Nm)
2 Achse

● Hülsen und Buchsen dürfen keine Riefen oder Kratzer aufweisen.

● Bei nackt montierter Schwinge und richtiger Montage darf bei seitlichem Hin- und Herdrücken kein Spiel in Lagerung spürbar sein (Knacken).

● Gegebenenfalls in Fachwerkstatt erneuern lassen.

● Felgenschlag wie in Kapitel 14.2 messen.

## 15.3 Montage

● Schwinge an Rahmen montieren (Bild 166). Schwingachse leicht gefettet von links einführen und Mutter anziehen (100 Nm).

● Federbein von unten an obere Rahmenaufnahme heranführen und befestigen.

● Federhebelei wie in Bild 165 gezeigt montie-

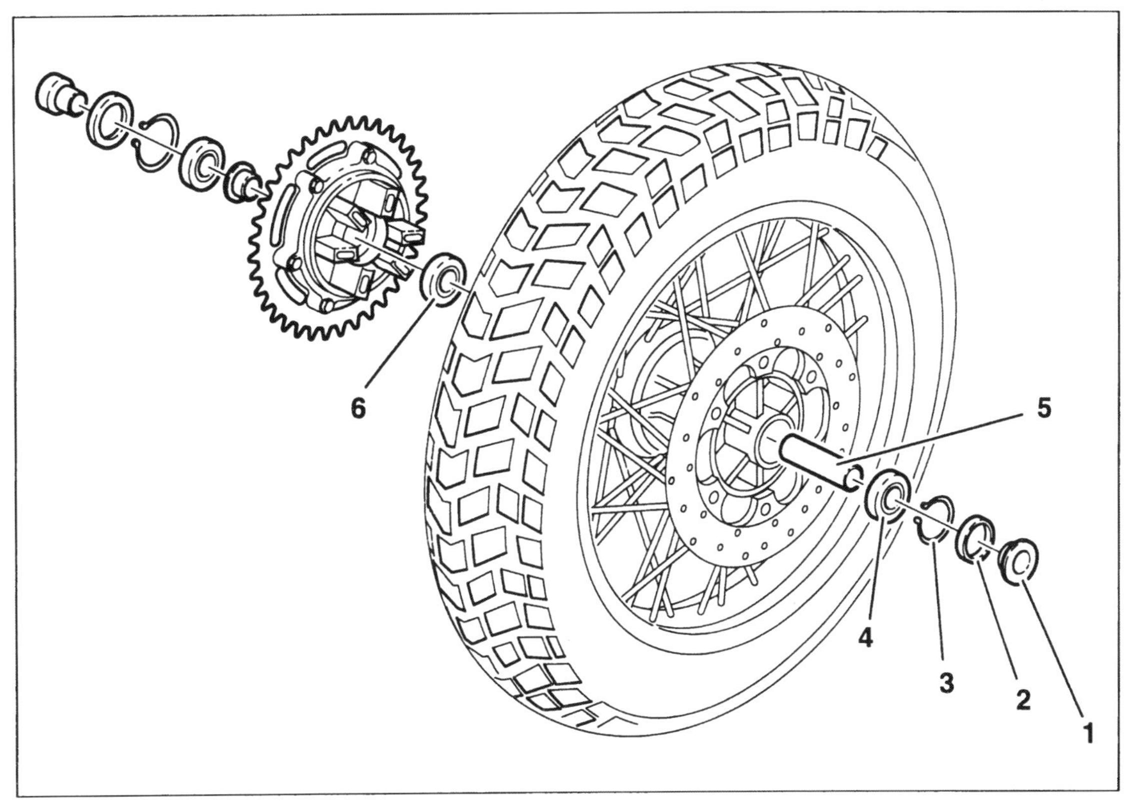


**Bild 167**
Hinterrad
1 Distanzhülse
2 Wellendichtring
3 Seegerring
4 Radlager
5 Distanzhülse
6 Radlager

ren. Hülsen und Schrauben leicht gefettet montieren.

- Radlager hinten wie vorn montieren (Kapitel 14.3).
- Seegerringe mit entsprechender Zange einfedern. Auf sauberen Sitz in Nut kontrollieren.
- Rad mit Kettenblatt-Träger in Schwinge einsetzen und Kette auffädeln.
- Bremsscheibe in Bremssattel einfädeln und Distanzstücke anbringen (Bild 167).
- Rad ausrichten und Hinterachse leicht gefettet einschieben. Mutter locker anlegen.
- Kettendurchhang einstellen (Kapitel 3.11, Seite 19) und Achsmutter anziehen (100 Nm).

# Technische Daten

MASS- und EINSTELL-DATEN

## Motor allgemein

| | |
|---|---|
| Bauart | Einzylinder-, Viertaktmotor, DOHC-Steuerung mit Hülsenkettenantrieb, 4 Ventile über Tassenstössel betätigt, Ausgleichswelle, Flüssigkeitskühlung für Zylinder und Zylinderkopf, integrierte Wasserpumpe, 5-Gang-Getriebe und Trockensumpfschmierung |
| Zylinderbohrung | 100 mm |
| Hub | 83 mm |

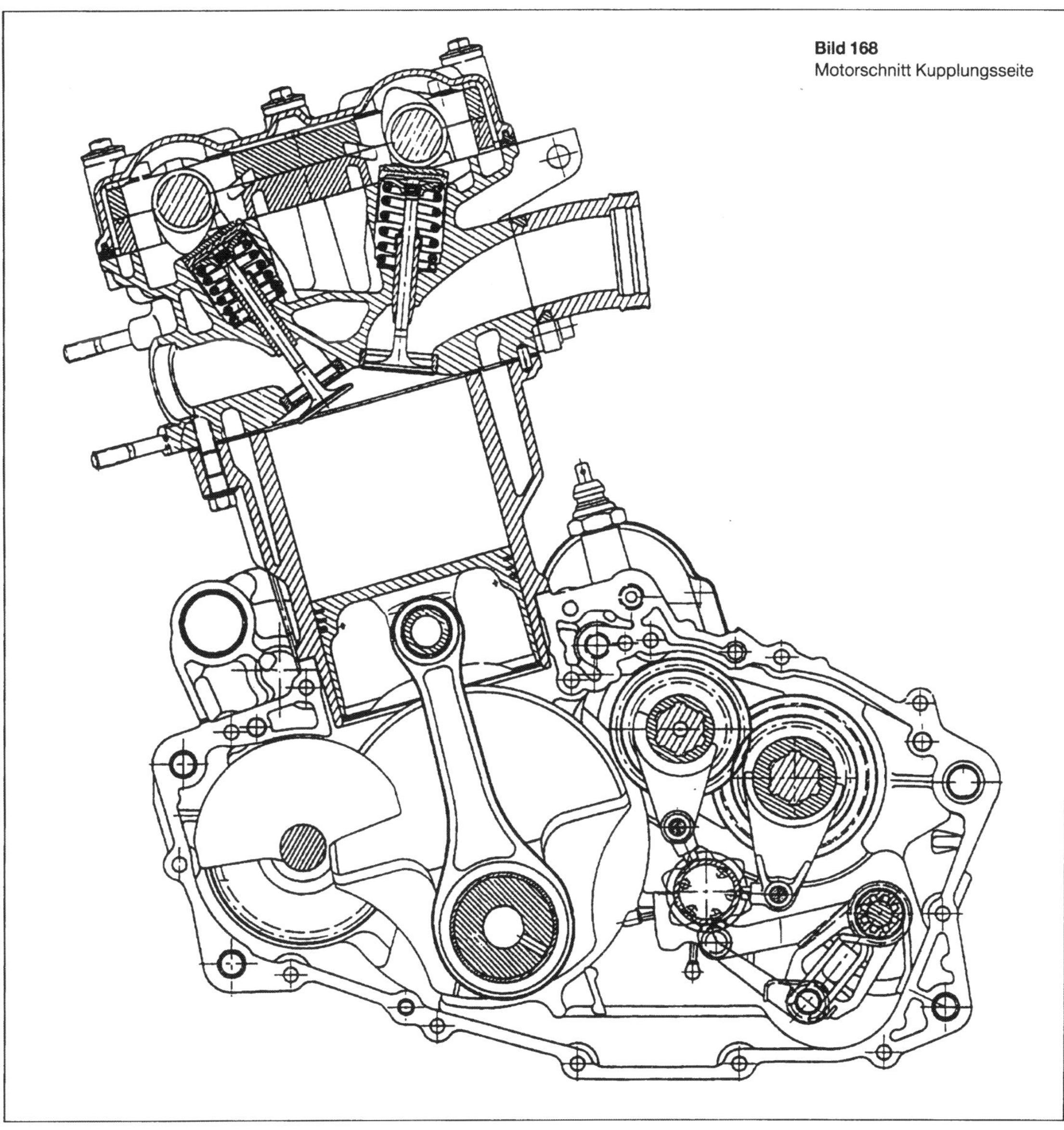

**Bild 168**
Motorschnitt Kupplungsseite

# MASS- und EINSTELL-DATEN

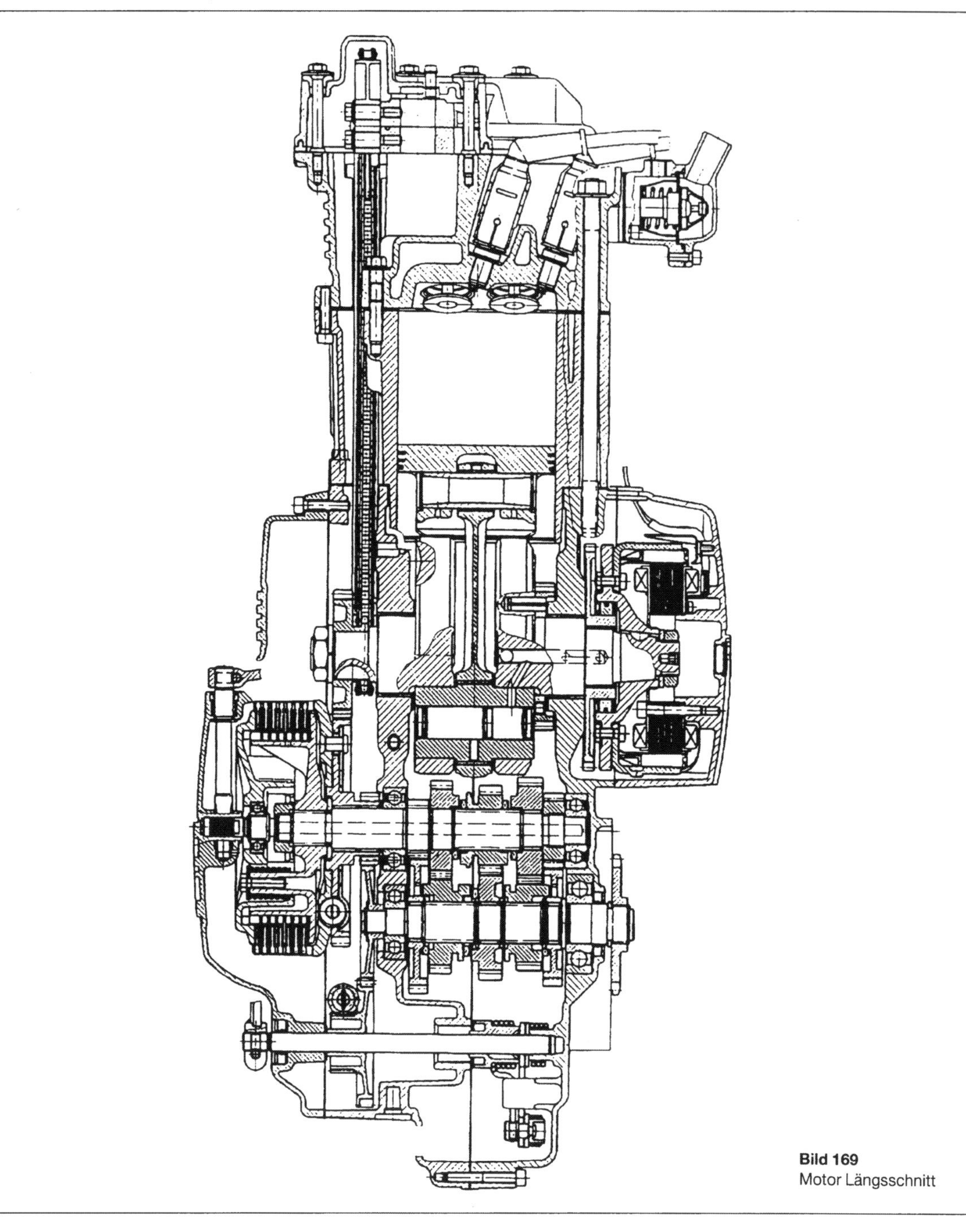

**Bild 169**
Motor Längsschnitt

| | |
|---|---|
| Zylinderbohrung | 100 m |
| Hubraum | 652 $cm^3$ |
| Verdichtungsverhältnis | 9,7:1 |
| Nennleistung | 35 (48) kW (PS) bei 6500 $min^{-1}$ |
| Max. Drehmoment | 57 Nm bei 5200 $min^{-1}$ |
| Leerlaufdrehzahl | 1300+100 $min^{-}$ |
| Zulässige Dauerdrehzahl | 7000 $min^{-1}$ |
| Höchstdrehzahl | 7500 $min^{-1}$ |
| Kurbelwelle (Lagerung) | Gleitlager |
| Motorschmierung | Trockensumpfschmierung durch Ölpumpe |
| Zylinder | Leichtmetallzylinder »Nikasil« beschichtet |
| Kolben | Leichtmetallgusskolben mit 3 Kolbenringen |
| Ölfilter | im Hauptstrom |
| Ölpumpe | 2 Trochoidpumpen, Antrieb von Primärtrieb |

Ölfüllmenge 2,1 Liter
Öldruck (Leerlauf) ≥ 0,5 bar (Öltemperatur 80° C)
Zulässiger Ölverbrauch 0,1 Liter/100 km

| | |
|---|---|
| Ölfüllmenge | 2,1 Liter |
| Öldruck (Leerlauf) | ≥ 0,5 bar (Öltemperatur 80° C) |
| Zulässiger Ölverbrauch | 0,1 Liter/100 km |
| **Ventile** | |
| Ventilspiel bei kaltem Motor (max 35° C): | |
| – Einlassventil | 0,10 – 0,15 mm |
| – Auslassventil | 0,10 – 0,15 mm |
| Ventilsteuerzeiten (bei 1 mm Ventilspiel): | |
| – Einlass öffnet | 17° vor OT |
| – Einlass schliesst | 45° nach UT |
| – Auslass öffnet | 47° vor UT |
| – Auslass schliesst | 15° nach OT |
| Ventillänge – Einlass | 90,91 bzw. 90.76 mm |
| Ventillänge – Auslass | 90,65 bzw 90,05 mm |
| Teller-Durchmesser – Einlass | 36 mm |
| Teller-Durchmesser – Auslass | 31 mm |
| Schaft-Durchmesser (Verschleissgrenze): | |
| – Einlass | 5,950 mm |
| – Auslass | 5,935 mm |
| Ventilsitzwinkel – Einlass | 45° |
| Ventilsitzwinkel – Auslass | 30° |
| Ventilwinkel | 2× 20° |
| Ventilsitzbreite (Verschleissgrenze) – Einlass | 1,6 mm |
| Ventilsitzbreite (Verschleissgrenze) – Auslass | 1,8 mm |
| Ventilführung (Verschleissgrenze) | |
| – Einlass Innen-Durchmesser | 6,080 mm |
| – Max. Überstand | 15,4 mm |
| – Auslass Innen-Durchmesser | 6,080 mm |
| – Max. Überstand | 17,9 mm |
| Tassenstössel (Verschleissgrenze): | |
| – Aussen-Durchmesser | 33,400 mm |
| – Radialspiel im Zylinderkopf | 0,200 mm |
| – Führungs-Durchmesser im Zylinderkopf | 33,600 m |
| **Ventilfeder** – Verschleissgrenze: | |
| – Min. entspannte Länge | 44,5 mm |
| **Nockenwelle** | |
| Verschleissgrenze – Ein- und Auslass: | |
| – Lagerstellen-Durchmesser | 21,95 mm |
| – Nockenhöhe | 39,7 mm |
| – Lagerstellen-Durchmesser Nockenwellenträger | 22,040 mm |
| **Ölkreislaufventil** | |
| Min. Entspannte Länge der Druckfeder | 13,0 mm |
| **Kurbelwelle** | |
| Verschleissgrenze: | |
| – Hauptlagerstellen-Durchmesser | 47,975 mm |
| – Radialspiel | 0,10 mm |
| Schlag am Kurbelwellenzapfen: | |
| – Kupplungsseite | 0,03 mm |
| – Magnetseite | 0,05 mm |
| **Pleuel** | |
| Verschleissgrenze – Radialspiel: | |
| – grosses Pleuelauge | 0,08 mm |

MASS- und EINSTELL-DATEN

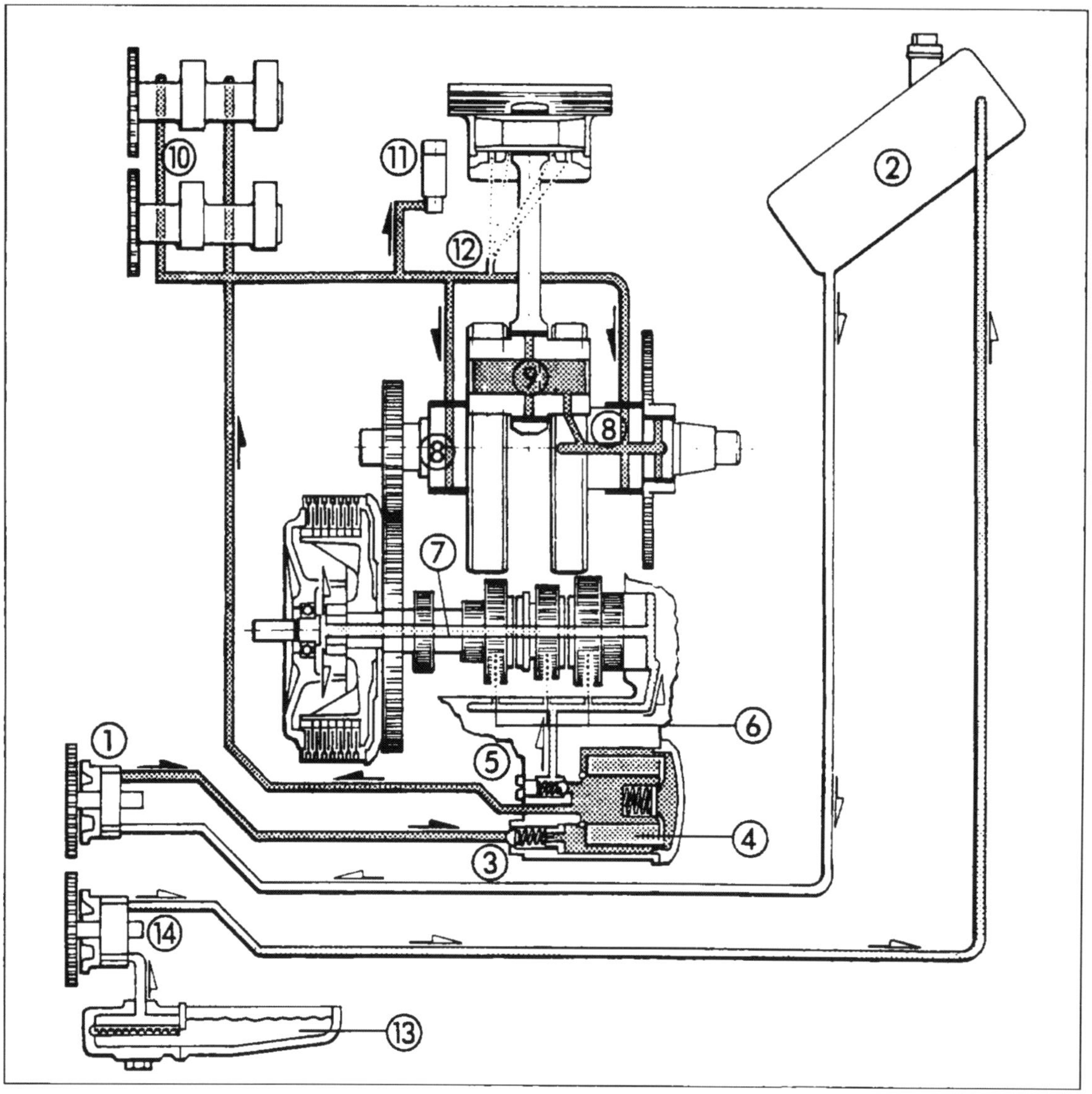


**Bild 170**
Motoröl-Kreislauf
1 Druckpumpe
2 Öltank
3 Rückhalteventil
4 Ölfilter
5 Kugelventil
6 Niederdruckleitung (Schaltgetriebe)
7 Niederdruckleitung (Kupplung)
8 Hochdruckleitung (Kurbelwelle)
9 Hochdruckleitung (Pleuellager)
10 Hochdruckleitung (Nockenwellen)
11 Steuerkettenspanner
12 Spritzdüse (für Pleuelauge)
13 Ölsumpf
14 Saugpumpe

| | |
|---|---|
| – kleines Pleuelauge | 0,05 mm |
| Axialspiel zwischen den Kurbelwangen | 0,80 mm |
| Innen-Durchmesser kleines Pleuelauge | 22,04 mm |

**Kolben**

| | |
|---|---|
| Verschleissgrenze | |
| – Kolben-Durchmesser «A» | 99,940 mm |
| – Kolben-Durchmesser «B» | 99,950 mm |
| – Augen-Durchmesser in Hubrichtung | 22,030 mm |

**Kolbenringe**

| | |
|---|---|
| 1. Nut – Nm-Ring – Verschleissgrenze: | |
| Stoss-Spiel | 1,0 mm |
| Ringhöhe | 1,2 mm |
| Nuthöhe | 1,35 mm |

2. Nut – R-Ring – Verschleissgrenze:

| | |
|---|---|
| – Stoss-Spiel | 1,0 mm |
| – Ringhöhe | 1,2 mm |
| – Nuthöhe | 1,35 mm |

3. Nut – GFSOE-Ring – Verschleissgrenze:

| | |
|---|---|
| – Stoss-Spiel | 1,0 mm |
| – Ringhöhe | 2,45 mm |
| – Nuthöhe | 2,60 mm |
| Kolbenspiel im Zylinder – Verschleissgrenze | 0,09 mm |

**Kolbenbolzen**

| | |
|---|---|
| Verschleissgrenze-Durchmesser | 21,980 mm |
| Radialspiel | 0,050 mm |

**Zylinder**

| | |
|---|---|
| Verschleissgrenze – Zylinder-Durchmesser «A» | 100,03 mm |
| Verschleissgrenze – Zylinder-Durchmesser «B» | 100,04 mm |

**Steuerkette**

Verschleissgrenze:

| | |
|---|---|
| – Abstand von Dichtfläche bis Kolben des Kettenspanners | 9,5 mm |

**Zündanlage**

Kontaktlose Hochspannungs-Kondensator-Zündanlage mit elektronischer Zündverstellung und einem 3-Phasen-Wechselstromgenerator

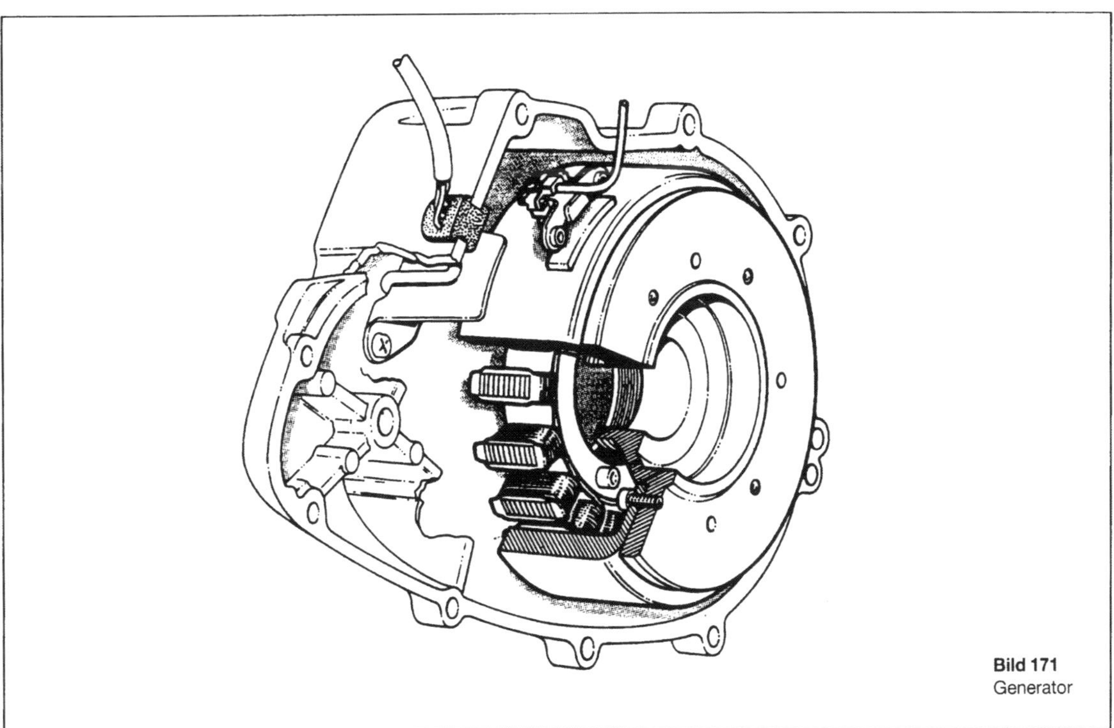

**Bild 171**
Generator

| | |
|---|---|
| Magnetzündgenerator | 14 V/280 W |
| Induktivgeber | 190 – 300 Ω |
| Spulenausgang | 0,20 – 0,50 Ω |

**Zündspule**

| | |
|---|---|
| Primärwicklung | 0,20 – 0,50 Ω |

**MASS- und EINSTELL-DATEN**

| | |
|---|---|
| Sekundärwicklung | 6 – 13 kΩ |

**Starter**

| | |
|---|---|
| Bauart | Permanentmagnet-Motor mit Klemmkörperfreilauf über Vorgelege auf Kurbelwelle wirkend |
| Leistung | 0,9 kW |
| Übersetzung | 1:32 |

**Vergaser**

| | |
|---|---|
| Bauart | 2 Gleichdruck-Vergaser Typ BST 33-B 316 |
| Hauptdüse | 140 |
| Haupt-Luftdüse | 0,6 |
| Düsennadel | 5E 94-4 |
| Nadeldüse | 0-2 |
| Drosselklappe | 105 |
| Leerlaufdüse | 41,3 |
| Leerlauf-Lüftdüse | 1.5 |
| Bypassbohrung-Durchmesser | 3×0,8 mm |
| Leerlaufgemisch-Austrittsbohrung-Durchmesser | 0,8 mm |

**Kraftstoffbehälter**

| | |
|---|---|
| Bauart | Kunststoffbehälter mit Abdeckung |
| Behälterinhalt | 17,5 Liter (davon 2 Liter Reserve) |

**Kühlsystem**

| | |
|---|---|
| Kühlsystem-Füllmenge | 1,4 Liter (davon 0,2 im Ausgleichsbehälter) |
| Kühlmittel | nur nitridfreie Langzeit Frost- und Korrosionsschutzmittel verwenden |
| Kühlmittelzusammensetzung | Wasser: 50%, Frostschutzmittel: 50%, Frostschutz bis –25° C |
| Thermostat öffnet bei | 72 – 75° C |
| Öffnungsweg | 7,5 mm (87° C) |
| Prüfdruck für Kühlsystem | 1 bar |

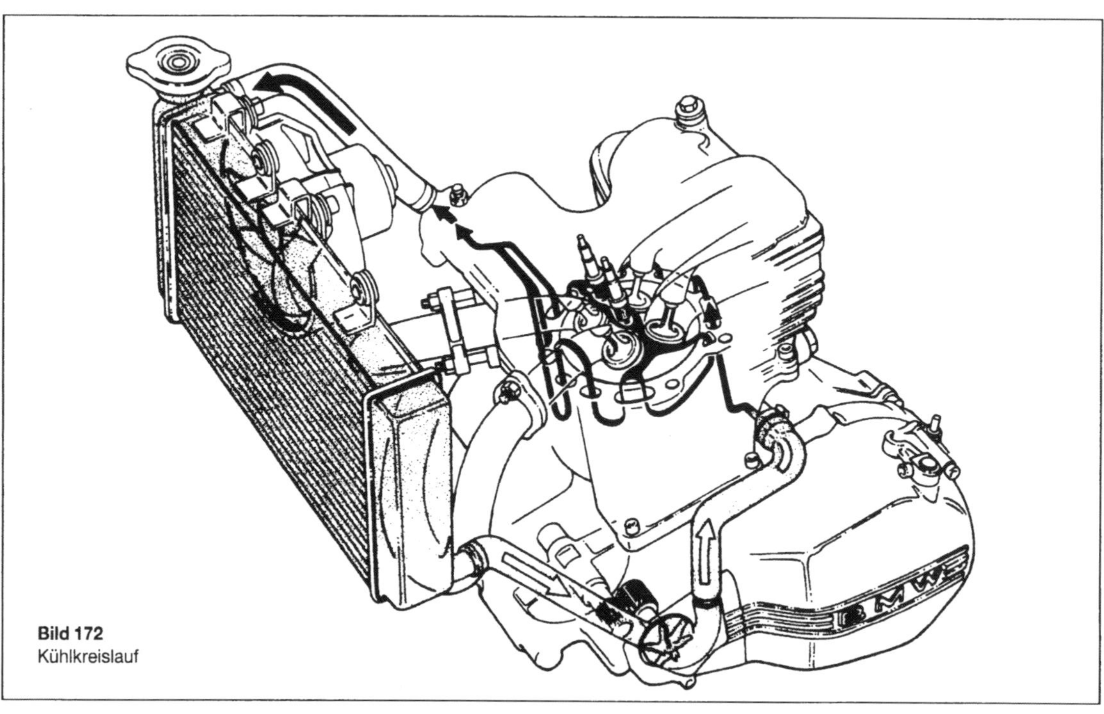

**Bild 172**
Kühlkreislauf

## Kupplung

| | |
|---|---|
| Bauart | gezogene Mehrscheibenkupplung im Ölbad |
| Kupplungsscheiben-Durchmesser | 145 mm |
| Handkraft | 50 N |
| Betätigung | mechanisch |
| Verschleissgrenzen: | |
| – Verzug der Belaglamellen | 0,15 mm |
| – Verzug der Innenlamellen | 0,15 mm |
| – Gesamthöhe der Belaglamellen | 24,0 mm |
| – Gesamthöhe des Lamellenpaketes | 35,0 mm |
| – Länge der entspannten Kupplungsfeder | 43 mm |

## Getriebe

| | | |
|---|---|---|
| Bauart | integriertes 5-Gang-Getriebe, klauengeschaltet | |
| Getriebeabstufung: | | |
| Primärübersetzung | 37/72 = | 1:1,946 |
| – 1. Gang | 12/33 | 1:2,750 |
| – 2. Gang | 16/28 | 1:1,750 |
| – 3. Gang | 16/21 | 1:1,313 |
| – 4. Gang | 22/23 | 1:1,045 |
| – 5. Gang | 24/21 | 1:0,875 |
| Gesamtübersetzung: | | |
| – 1. Gang | 1:5,352 | |
| – 2. Gang | 1:3,406 | |
| – 3. Gang | 1:2,555 | |
| – 4. Gang | 1:2,034 | |
| – 5. Gang | 1:1,703 | |

**Verschleisswerte**
**Schaltgabel**

| | |
|---|---|
| Führungszapfen-Durchmesser Schaltgabel | 5,85 min/mm |
| Dicke an den Anlageflächen | 3,45 min/mmm |

**Hauptwelle**

| | |
|---|---|
| Wellen-Durchmesser, Magnetseite | 24,98 min/mm |
| Wellen-Durchmesser, Kupplungsseite | 16,98 min/mm |

**Vorgelegewelle**

| | |
|---|---|
| Wellen-Durchmesser, Magnetseite | 16,98 min/mm |
| Wellen-Durchmesser, Kupplungsseite | 24,97 min/mm |
| Zähnezahl Kettenritzel | 16 |
| Zähnezahl Kettenrad | 47 |
| Sekundärantrieb | O-Ring Kette ⅝×¼ |
| Kettenglieder | 120 |
| Vorderrad Nachlauf | 110 mm |
| Lenkeinschlagwinkel | 42° |
| Federweg (Normallage, Belastung 75 kg) | 170 mm |
| Prüfeinbaulänge der Standrohre | ca. 213 mm |
| Standrohr-Oberfläche | hart verchromt |
| Standrohr-Aussen-Durchmesser | 41 mm |
| Maximal zulässiger Schlag des Gabelstandrohres | 0,1 mm |

# MASS- und EINSTELL-DATEN

| | |
|---|---|
| Länge der Gabeltragfeder | 527 mm |
| Draht-Durchmesser der Gabeltragfeder | 4,8 mm |
| Teleskopgabelöl freigegebene Sorten | BMW-Telegabelöl |
| Füllmenge pro Gabelholm (Ölwechsel) | 0,6 Liter |
| Füllmenge pro Gabelholm (Neubefüllung) | 0,61 Liter |
| Schmierfett in Manschette | Gleitmot 805 |
| Lenkeinschlagwinkel | 42° |
| Lenkrohr-Durchmesser | 22 mm |
| Lenkerbreite mit Schwingungselement | 880 mm |
| **Hinterradfederung** | |
| Federbein | Über ein Hebelsystem angelenktes Zentralfederbein. Federbasis und Zugstufendämpfung stufenlos verstellbar |
| Gesamtfederweg (am Rad) | 165 mm |
| Hinterradschwinge | Doppelseitige Delta-Box-Schwinge |
| Schwingenlänge | 540 mm |
| Bremsflüssigkeit | DOT 4 |
| Mindestbelagstärke | 1,5 mm |
| **Vorderrad** | |
| Bremsscheiben-Durchmesser | 300 mm |
| Bremsscheibendicke | 5 mm |
| Bremsscheibenmindestdicke | 4,5 mm |
| Zulässiger Seitenschlag | 0,25 mm |
| Bremsbelagfläche | 2×23,4 cm² |
| Kolben-Durchmesser Bremssattel | 30/32 mm |
| Kolben-Durchmesser Handbremszylinder | 13 mm |
| **Hinterrad** | |
| Bremsscheiben-Durchmesser | 240 mm |
| Bremsscheibendicke | 5 mm |
| Bremsscheibenmindestdicke | 4,5 mm |
| Zulässiger Seitenschlag | 0,25 mm |
| Bremsbelagfläche | 2×14,57 cm² |
| Kolben-Durchmesser Bremssattel | 34 mm |
| Kolben-Durchmesser Fussbremszylinder | 11 mm |
| Felgengrösse – Vorne | 2,15×19 |
| Felgengrösse – Hinten | 3,00×17 |
| Höhenschlag | 0,25 mm |
| Seitenschlag | 0,25 mm |
| Reifengrösse – Vorne | 100/90×19 57 S TUBE-Type |
| Reifengrösse – Hinten | 130/80×17 65 S TUBE-Type |
| Reifenluftdruck (kalt) – Solo: | |
| – Vorne | 1,8 bar |
| – Hinten | 1,9 bar |
| Reifenluftdruck bei voller Zuladung: | |
| – Vorne | 1,8 bar |
| – Hinten | 2,5 bar |
| Radlagerschmierung | Markenwälzlagerfett, Nutztemperatur –30° – +140° C, Tropfpunkt 150° – 230° C, hoher Korrosionsschutz, gute Wasser- und Oxydationsbeständigkeit, z. B. Shell Retinax A |
| Rahmen | Einschleifenrohrrahmen aus Vierkantstahlrohr und Blechformteilen mit angeschraubten Unterzügen. Der Motor ist mittragend im Rahmen integriert. Das Rahmenoberteil ist gleichzeitig als Ölreservoir ausgebildet. |

| | |
|---|---|
| Anordnung Typenschild | Auf Rahmen unter der Sitzbank |
| Anordnung Fahrgestellnummer | Am Lenkkopf rechts |
| Grösste Breite (über Rückspiegel) | 880 mm |
| Sitzhöhe (unbelastet) | 810 mm |
| Radstand (unbelastet) | 1480 mm |
| Leergewicht (fahrfertig, vollgetankt) | 189 kg |
| Zulässiges Gesamtgewicht | 371 kg |
| Lenkkopfwinkel | 28°+6′+48′ |
| Nachlauf | 108 mm + 4 |
| Spurversatz | 12 mm |

## Batterie

| | |
|---|---|
| Batterie | 12 V/12 Ah |

## Instrumentenkombination

| | |
|---|---|
| Tachometer-, Drehzahlmesserbeleuchtung | 12 V/3 W BA 9S Typ T8 |
| Fernthermometerbeleuchtung | 12 V/3 W W2×4, 6d Typ T5 |
| Blinker-, Neutral-, Öldruckkontrolleuchte | 12 V/3 W W2×4, 6d Typ T5 |
| Fernlichtkontrolleuchte | 12 V/2 W W2×4, 6d Typ T5 |
| Scheinwerfer | Halogen-Rechteckscheinwerfer mit manueller Leuchtweitenregelung |

**Glühlampen**

| | |
|---|---|
| Fernlicht/Abblendlicht | H4 – Halogenlampe 55/60 W, asymmetrisch |
| Standlicht | 12 V/4 W Typ T8/4 |
| Bremslicht/Rücklicht | 12 V/21/5 W Typ P25-2 |
| Blinklicht | 12 V/10 W Typ P25-1 |

# Anziehdrehmomente

## Motor

| | |
|---|---|
| Freilauf | 10 Nm |
| Ölpumpendeckel (Loctite 221) | 6 Nm |
| Öldruckventil | 24 Nm |
| Ölrückhalteventil | 24 Nm |
| Verschraubung Motorgehäuse | 10 Nm |
| Antriebsdoppelrad an Kurbelwelle (Loctite 221) | 180 Nm |
| Mitnehmer (Loctite 221) | 140 Nm |
| Druckplatte | 10 Nm |
| Kupplungsdeckel | 10 Nm |
| Magnetnabe (Loctite 221) | 180 Nm |
| Geber | 6 Nm |
| Zünderdeckel | 8 Nm |
| Zylinderfuss | 10 Nm |
| Bundmuttern Zylinderkopf | 50 Nm |
| Bundschrauben Zylinderkopf | 30 Nm |
| Zylinderschrauben (Kettenschacht) | 10 Nm |
| Nockenwellenträger | 10 Nm |
| Kettenräder an Nockenwellen (Loctite 648) | 50 Nm |
| Kettenführung an Nockenwellenträger (Loctite 221) | 10 Nm |
| Verschraubung Kettenspanner | 40 Nm |
| Ventildeckel | 10 Nm |
| Zylinderschraube (Bohrung für Fixierstift) | 24 Nm |
| Rückhalteventil | 24 Nm |
| Ölfilterdeckel | 10 Nm |
| Ablass-Schraube, Öltank | 10 Nm |
| Ablass-Schraube, Motor | 40 Nm |

## Motor-Elektrik

| | |
|---|---|
| Magnetnabe (Loctite 221) | 180 Nm |
| Magnetrad an Nabe (Loctite 648) | 10 Nm |
| Freilaufdeckel an Nabe (Loctite 648) | 10 Nm |
| Geber | 6 Nm |
| Motorgehäusedeckel rechts | 10 Nm |

## Vergaser

| | |
|---|---|
| Ansaugstützen an Zylinderkopf | 10 Nm |

## Kühler

| | |
|---|---|
| Motorgehäusedeckel links an Motorgehäuse | 10 Nm |
| Deckel für Wasserpumpe | 10 Nm |
| Thermostatgehäuse an Zylinder | 6 Nm |
| Thermostatdeckel | 6 Nm |
| Temperaturgeber in Thermostatdeckel | 15 Nm |
| Thermoschalter an Thermostatgehäuse | 35 Nm |

## Auspuff

| | |
|---|---|
| Abdeckung an Schalldämpfer | 12 Nm |
| Auspuffkrümmer an Zylinderkopf | 10 Nm |

## Kupplung

| | |
|---|---|
| Mitnehmer Loctite 221 | 140 Nm |
| Druckplatte | 10 Nm |
| Motorgehäusedeckel links | |

## Antriebskette

| | |
|---|---|
| Abdeckung für Kettenritzel | 5 Nm |
| Kettenrad an Kettenradträger | 25 Nm |
| Steckachsmutter | 100 Nm |
| Rolle an Bremshebel | 25 Nm |
| Rolle an Rahmen | 25 Nm |

## Vorderradgabel

| | |
|---|---|
| Verschluss-Schraube | 25 Nm |
| Ölablass-Schraube | 6 Nm |
| Befestigungsschraube für Dämpfer | 20 Nm |
| Klemmschraube Gabelbrücke oben | 25 Nm |
| Klemmschraube Gabelbrücke unten | 25 Nm |
| Nutmutter | spielfrei |
| Kontermutter | 50 Nm |

## Lenkung

| | |
|---|---|
| Klemmschrauben an Kombischalter | 5 Nm |
| Klemmschrauben an Kupplungsarmatur | 12 Nm |

MASS- und EINSTELL-DATEN

| | |
|---|---|
| Klemmschrauben an Bremsarmatur | 12 Nm |
| Bremsleitung | 7 Nm |
| Klemmschrauben an Lenkerbefestigung | 25 Nm |
| Muttern an Lenkerbefestigung | 10 Nm |
| Kontermuttern an Lenkerbefestigung | 40 Nm |
| Nutmutter | spielfrei |
| Kontermutter | 40 Nm |
| Klemmschrauben an Gabelbrücke | 25 Nm |

## Hinterradantrieb

| | |
|---|---|
| Federbein an Rahmen | 50 Nm |
| Federbein an Umlenkhebel | 30 Nm |
| Verstelleinrichtung an Rahmen | 25 Nm |
| Schwingenachse | 100 Nm |
| Zugstrebe an Schwinge | 50 Nm |
| Zugstrebe an Umlenkhebel | 80 Nm |
| Umlenkhebel an Rahmen | 50 Nm |

## Bremsen

| | |
|---|---|
| Luftführung an Träger | 2 Nm |
| Bremsträger an Gleitrohr | 50 Nm |
| Bremsleitung an Bremssattel | 7 Nm |
| Bremsschlauch an Handbremszylinder | 7 Nm |
| Bremsleitung an Fussbremszylinder | 7 Nm |
| Bremsscheibe an Vorderrad | 12 Nm |
| Bremsscheibe an Hinterrad | 12 Nm |
| Fussbremshebel an Rahmen | 25 Nm |
| Fussbremszylinder an Rahmen | 12 Nm |
| Kontermutter, Stellschraube Fussbremszylinder | 12 Nm |

## Räder und Bereifung

| | |
|---|---|
| Klemmschrauben Steckachse vorne | 12 Nm |
| Verschraubung Steckachse vorne | 80 Nm |
| Verschraubung Steckachse hinten | 100 Nm |

## Rahmen

| | |
|---|---|
| Kennzeichenträger an Rahmen | 5 Nm |
| Hinterradkotflügel an Rahmen | 7 Nm |
| Regler an Hinterradkotflügel | 5 Nm |
| Verkleidungshalter an Rahmen | 12 Nm |
| Seitenstütze | 10 Nm |
| Kontermutter (Seitenstütze) | 25 Nm |

## Ausstattung

| | |
|---|---|
| Befestigungsschraube Zündlenkschloss | 25 Nm |
| Abreiss-Schraube | bis Abriss |
| Befestigungsschrauben Sitzbankschloss | 12 Nm |

## Instrumente

| | |
|---|---|
| Kombiinstrument an Verkleidungshalter | 8 Nm |

# Erläuterungen zum elektrischen Stromlaufplan F 650 (ab Modell '94)

**A**

| | | |
|---|---|---|
| A9003 | Kontrolleuchtenfeld | 14 |
| A9020 | Blinkergeber | 29 |
| A9260 | Gleichrichter | 54 |
| A9610 | Zündsteuergerät | 62 |

**B**

| | | |
|---|---|---|
| B9545 | Induktivgeber | 66 |
| B9550 | Temperaturfühler | 20 |

**E**

| | | |
|---|---|---|
| E9001 | Instrumentenbeleuchtung | 11 |
| E9010 | Scheinwerfer | 3 |
| E9011 | Fahrlicht | 2 |
| E9012 | Fernlicht | 2 |
| E9013 | Schlusslicht | 81 |
| E9015 | Standlicht | 2 |

**F**

| | | |
|---|---|---|
| F9200 | Sicherungskasten | 49 |

**G**

| | | |
|---|---|---|
| G9230 | Batterie | 35 |
| G9240 | Generator | 58 |

**H**

| | | |
|---|---|---|
| H9002 | Leerlauf-Kontrolleuchte | 16 |
| H9012 | Fernlicht-Kontrolleuchte | 13 |
| H9030 | Blinker vorn links | 5 |
| H9031 | Kontrolleuchte Blinker links | 9 |
| H9035 | Blinker hinten links | 76 |
| H9040 | Blinker vorn rechts | 8 |
| H9041 | Kontrolleuchte Blinker rechts | 8 |
| H9045 | Blinker hinten rechts | 76 |
| H9050 | Bremsleuchte | 81 |
| H9095 | Öldruck-Kontrolleuchte | 18 |
| H9150 | Horn | 3 |

**K**

| | | |
|---|---|---|
| K6324 | Anlass-Sperrelais | 24 |
| K9130 | Anlasserrelais | 29 |

**M**

| | | |
|---|---|---|
| M9130 | Anlasser | 33 |
| M9140 | Lüfter | 67 |

**P**

| | | |
|---|---|---|
| P9945 | Anzeige Kühlwassertemperatur | 20 |

**R**

| | | |
|---|---|---|
| R9611 | Zündkerze 1 | 62 |
| R6912 | Zündkerze 2 | 65 |

**S**

| | | |
|---|---|---|
| S9051 | Bremslichtschalter Hand | 72 |
| S9052 | Bremslichtschalter Fuss | 69 |
| S9060 | Zündlichtschalter | 54 |
| S9070 | Kombischalter links | 41 |
| S9071 | Fernlichtschalter | 45 |
| S9072 | Hornschalter | 38 |
| S9073 | Blinkerschalter | 40 |
| S9074 | Lichthupenschalter | 43 |
| S9080 | Kombischalter rechts | 43 |
| S9081 | Lichtschalter | 44 |
| S9083 | Notausschalter | 40 |
| S9084 | Anlasserschalter | 40 |
| S9091 | Kupplungsschalter | 25 |
| S9092 | Getriebeschalter | 14 |
| S9095 | Öldruckschalter | 17 |
| S9141 | Temperaturschalter Lüfter | 67 |

**T**

| | | |
|---|---|---|
| T9010 | Zündspule 1 | 62 |
| T9020 | Zündspule 2 | 65 |

**V**

| | | |
|---|---|---|
| V9139 | Diode Wegfahrsicherung | 22 |

**X**

| | | |
|---|---|---|
| X9351 | Steckverb. Heizgriffe | 58 |
| X9232 | Masse Batterie | 35 |
| X9354 | Steckverb. Diebstahlwarnanlage | 33 |
| X9400 | Masse 1 | 74 |

**Kennzeichnung**
BL = blau
BR = braun
GE = gelb
GN = grün
GR = grau
RT = rot
SW = schwarz
VI = violett
WS = weiss
TR = transparent
OR = orange

Schraubenanschluss
(Kabelschuh)

Rundsteckanschluss

Flachsteckanschluss

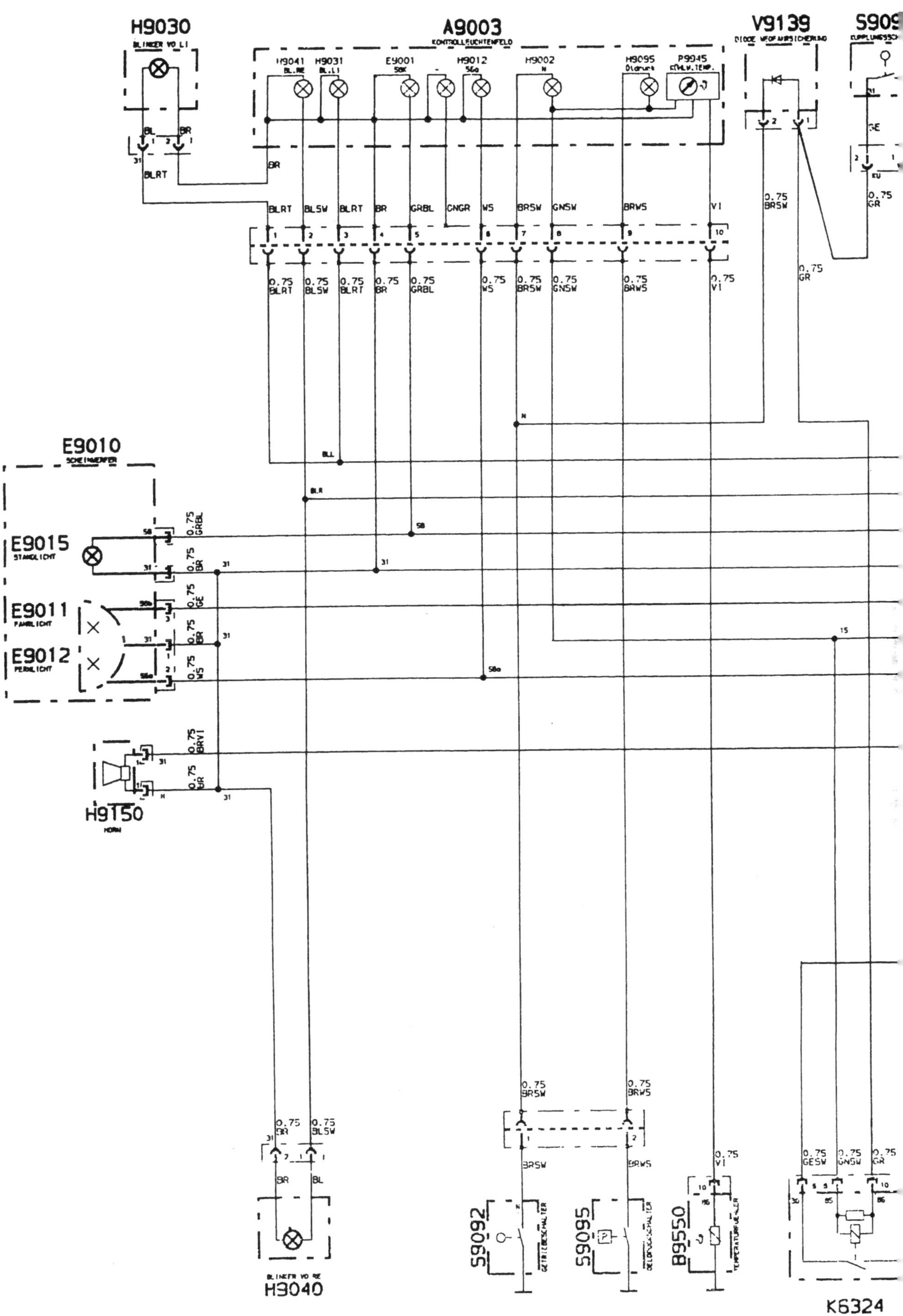

H9030
BLINKER VO LI
A9003
KONTROLLEUCHTENFELD
H9041
H9031
E9001
H9012
H9002
H9095
P9945
V9139
E9010
SCHEINWERFER
E9015
STANDLICHT
E9011
FAHRLICHT
E9012
FERNLICHT
H9150
HORN
BLINKER VO RE
H9040
S9092
GETRIEBESCHALTER
S9095
ÖLDRUCKSCHALTER
B9550
TEMPERATURFÜHLER
K6324
ANLASS-SPERR-RELAIS

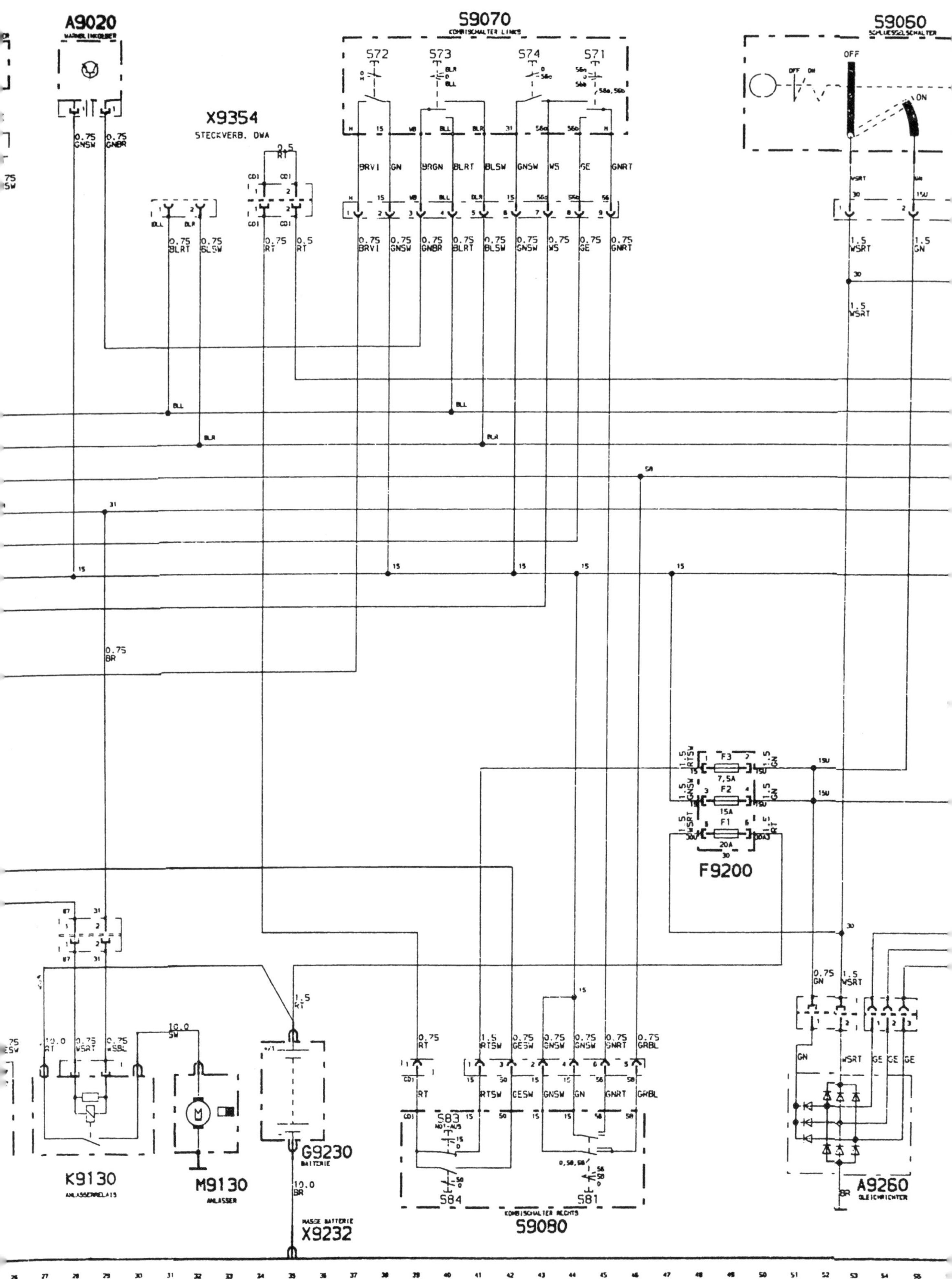
A9020
X9354
STECKVERB. DWA
S9070
S72
S73
S74
S71
S9060
OFF
ON
F3
7,5A
F2
15A
F1
20A
F9200
K9130
M9130
G9230
X9232
S83
S84
S81
S9080
A9260
26
27
28
29
30
31
32
33
34
35
36
37
38
39
40
41
42
43
44
45
46
47
48
49
50
51
52
53
54
55

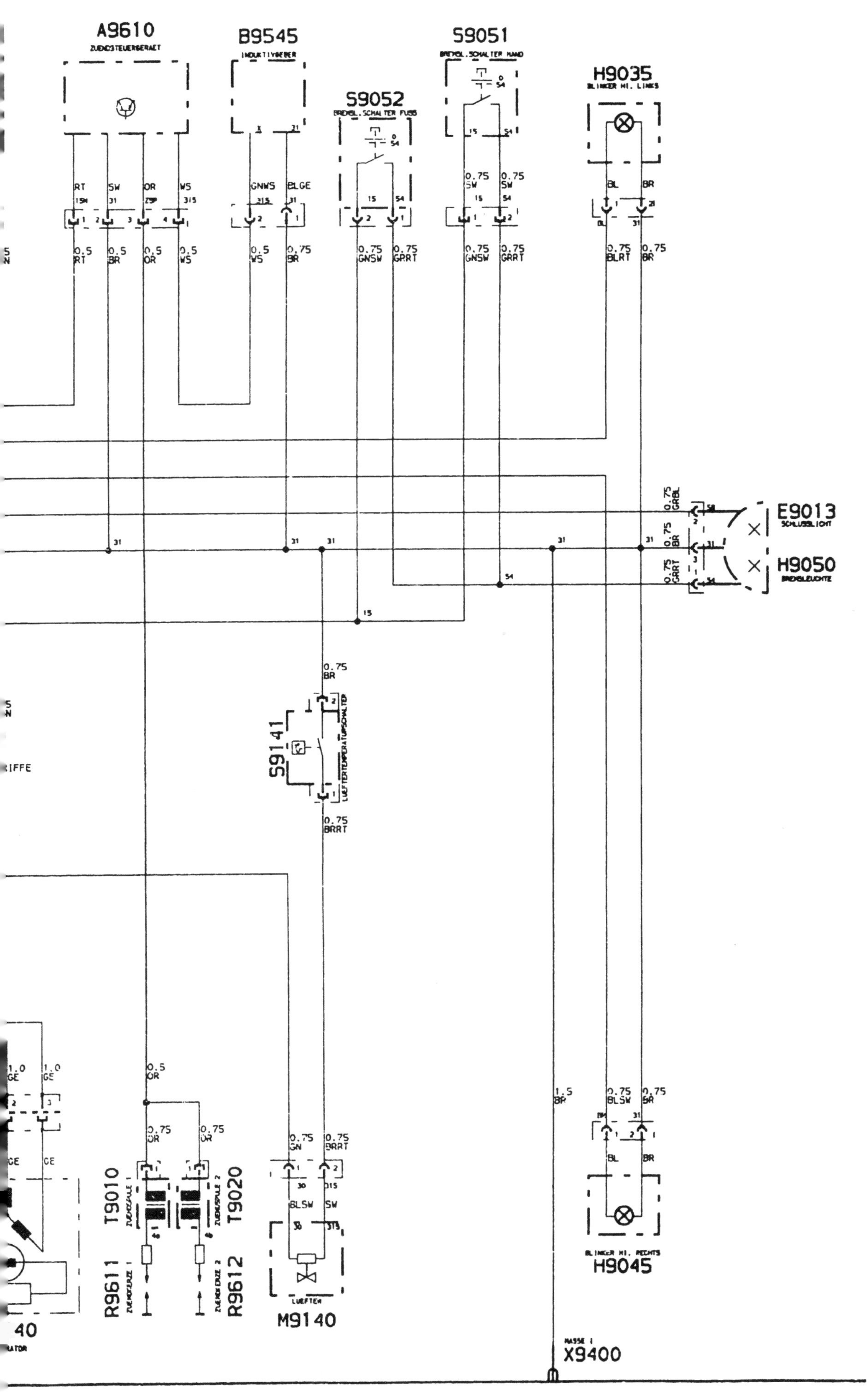

A9610
ZUENDSTEUERGERAET
B9545
INDUKTIVGEBER
S9052
BREMSL. SCHALTER FUSS
S9051
BREMSL. SCHALTER HAND
H9035
BLINKER HI. LINKS
E9013
SCHLUSSLICHT
H9050
BREMSLEUCHTE
S9141
LUEFTERTEMPERATURSCHALTER
T9010
T9020
R9611
R9612
M9140
LUEFTER
H9045
BLINKER HI. RECHTS
X9400
MASSE I

Zeitfracht Medien GmbH
Ferdinand-Jühlke-Straße 7
99095 Erfurt, Deutschland
produktsicherheit@kolibri360.de